當心！網路害死你的貓！

古道 著

晨星出版

作者序

　　這本書能出刊，完全是無心插柳的結果。

　　執業之初，純粹是為了在自己的職業生涯中留下一些美好的回憶，所以好玩地順應當時潮流，開了一個部落格「一個獸醫的日記」，紀錄一些碰到的特別案例。然而由於生性疏懶，總是有一搭沒一搭地寫，卻因為拗不住網友的聲聲催促以及父母的殷殷期盼，幾年下來也自成一片風景，真的是始料未及！

　　此外，隨著飼主網友們紛至沓來的問題，除了扼要回覆外，書寫的文章也從原先侷限在特別的案例擴及多數飼主網友們提及或關心的問題。自二〇一二年，由於需要一些網友上傳寶貝們的影像、檢驗報告，偏偏部落格的平台沒有此項功能，於是又在臉書上開了一個版面——「太子獸醫主治醫師古道醫師的免費諮詢」。

　　欣慰的不僅是無數網友們熱情地支持及回應，部落格還得了個獎，只可惜該網站所屬的「無名小站」後來功成身退，不得已將該部落格搬遷。為了嘉惠更多的飼主，於是進一步將網上發表的部分文章及重要的回應，集結成冊。然而為了書本的完整性及易讀性，

除了在文字上有微幅修改，文章前後也做了大幅的更動。

文章分成兩大部分：「照顧醫療」及「常見迷思」。第一部分粗略分兩類：「平日照顧」及「季節性特別照顧」，儘量以生物系統來分。第二部分「常見迷思」因所含文章篇雜，故不再做任何分類。另外，由於徵詢意見的網友來自世界各地，有近自港、澳、中、臺，也有遠自美、澳（洲）；有用中國大陸用語、有用粵語用詞、還有用英語寫的。為求統一，本書儘量採用多數華人都能讀懂的語詞書寫。

本人由於求學的地方橫跨亞、歐、美、澳；學習的領域又橫跨人醫、獸醫及純研究，因此針對動物的疾病，可從多方切入，特別是從本人主修過的免疫學及解剖學的觀點來進行診斷及探討。本人所見所聞，所思所論，也因而可能有異於一般獸醫，或許對於其他同業也有參考的價值。這也是很多人鼓勵我出書的原因之一。

我在加拿大出生，成長於臺灣。在臺灣念到國二後，隨進修的父親去了波士頓。又為了與老同學

歡迎光臨

只收現金
(Cash Only)

一起拚高中聯考，念了一學期就返國。考上成功高中後，念了兩年，又隨進修的母親去了英國，在喬汀翰（Cheltenham）唸寄宿學校。以優異成績完成 A Level（相當於臺灣的高中）的學業後，接著申請進入著名的「倫敦大學學院」（University College London），就讀與人醫有關的「解剖發展生物學系」（Anatomy and Developmental Biology），並取得榮譽學士。繼之，在倫敦大學「國王學院」（King's College）拿了分子生物研究所（Molecular Life Science Research）的碩士。之後返回加拿大溫哥華，在 CDC 國家疾病管理局，做肺結核的研究。

做了兩年，養了三隻狗、兩隻貂及兩隻變色龍，卻發覺自己對只有細菌病毒的世界感到有點悶，還是比較喜歡有動物的世界，於是毅然決定辭職，補修完一些對方要求的學分後，再去澳洲墨爾本大學讀獸醫。求學期間返臺時，曾在臺灣大學附屬的動物醫院實習，並在台北的獸醫院打過工。一畢業拿到榮譽獸醫學士的學位後，就報考了超難的 NAVLE（北美獸醫考試），也僥倖過了，本以為會回加拿大執業，豈料因緣際會竟然落腳香港，且一留至今。也正因此，除了香港，我對臺灣、澳洲、及美國獸醫的處理方法也都略知一二。香港獸醫

……

分為澳洲幫及臺灣幫，我應該算是中間幫吧！

　　我對免疫學及學術研究方面的涉獵比較廣泛。我願意接受新的資訊，也對新的資訊相當渴望。只要新資訊有科學的驗證或證據顯示，我都想了解、想嘗試，所以我很歡迎各位在我的網站上，分享你們得到有關寵物的新資訊！我會求證之後回覆的！

古道醫師的部落格：
http：//blog.xuite.net/sword_flying/twblog

古道醫師的臉書：
https：//www.facebook.com/DrKuVet/

寫於二〇一四年五月二十日

CONTENTS

第2章 常見迷思 123

第 1 章

照顧與醫療

看懂貓咪的
健檢報告

　　本書介紹到很多貓咪的醫療與健康等內容，因此書中會大量使用到貓咪健檢與疾病的專有名詞，本篇先就常見的貓咪健檢與疾病名詞做個介紹，方便讀者們在閱讀時快速進入狀況。

　　很多時候，一種疾病可能需要同時看好幾項指數來判斷，因此只看一兩個指數其實是不準確的。以下這些指數與內容只是提供參考用，真正有問題時還是要優先就醫！

1. HCT/PCV：血球壓量。高代表脫水、缺氧；低代表貧血。
2. RBC：紅血球。數值同血球壓量。
3. HGB：血紅素。數值差不多同血球壓量，但如果HCT低而血紅素高，代表是溶血性貧血，血紅素跑出血球外面了。
4. MCHC：紅血球內血紅素濃度。高代表沒有什麼問題；低代表鐵質或營養不夠。
5. MCV：紅血球體積大小。高代表血球很年輕、骨髓造血不錯；低代表血球年紀很大、骨髓懶惰。
6. Retic/%：新紅血球多少／比例。愈大代表骨髓造血愈積極，正

常貓咪應該低於0.5%。

7. **WBC**：白血球。高代表緊張、發炎、可能有腫瘤；低代表骨髓有問題或超嚴重病毒感染。

8. **NEU**：嗜中性球。數值同白血球。

9. **Esinophil**：嗜酸性球。高代表過敏或有蟲；低代表正常，可能是腎上腺皮質醇分泌過高或有服用類固醇。

10. **Lymph**：淋巴球。高代表有可能有貓白血病或淋巴癌；低代表有貓愛滋、壓力大或服用類固醇。

11. **MONO**：單核球。數值比較不重要。

12. **PLT**：血小板。高代表緊張；低代表可能有牛蜱熱（臺灣也稱為壁蝨熱）、內出血、免疫問題。

🐾 生化指數：

1. **ALB**：白蛋白。高代表脫水；低代表腎臟或腸道流失蛋白、營養不夠、有腸胃寄生蟲。

2. **ALT**：肝臟酶。高代表中毒、肝炎、肝臟腫瘤、胰臟炎、鉤端螺旋體感染；低代表正常或先天性肝臟萎縮肝血管短路 。

3. **ALKP**：膽指數。高代表庫興氏症、膽管膽囊炎、骨癌、年輕的寵物；低代表正常。

4. **BUN/Urea**：血液氮廢物。高代表脫水、腎功能不足、有服用利尿劑、食物太高蛋白、尿道堵塞；低代表正常，也可能是肝功能有問題、水喝太多。

5. Crea：肌酸。高代表腎功能差、急性慢性腎炎、腎衰竭、尿道堵塞；低代表動物肌肉萎縮。

6. Phos：磷酸。數值高同肌酸；低代表正常、水喝太多。

7. Glu：血糖。高代表緊張、糖尿病；低代表胰島素打太多、胰島腫瘤、幼體失溫、木醣醇中毒、愛迪生氏症。

8. Glob：球蛋白抗體。高代表過敏、病毒感染、淋巴癌、FIP；低代表肝臟問題。

9. TBil：膽紅素。高代表黃疸、FIP、胰臟炎、溶血性貧血；低代表正常。

10. Ca：鈣。高代表食物或補品太高鈣、腎臟病、副甲狀腺問題、淋巴瘤；低代表母親餵奶沒補充鈣、吃純生肉、白蛋白低。

11. NA：鈉。高代表吃太鹹、生理食鹽水點滴吊太多、腎功能有問題；低代表愛迪生氏症、 鞭蟲感染、下痢。

12. K：鉀。高代表愛迪生氏症、補充太多營養、溶血性貧血；低代表營養不夠、吃得少、胰島素打太多。

13. Cl：氯。低代表嘔吐太多。

14. Amylase：澱粉酶。高代表胰臟炎、腸道堵塞、腎功能不足、飯吃太多；低代表沒吃飯。

15. Lipase：脂肪酶。高代表胰臟炎、吃得太油膩；低代表吃得比較少油。

16. cPL/fPL：胰臟脂肪酶測試正常 / 不正常。 胰臟炎測試。

17. FIV：貓愛滋病。

18. FeLV：貓白血病。

19. HW：心絲蟲。

20. E.canis：艾利希體，牛蜱熱的一種。

21. **FCoV**：冠狀病毒。陽性有機會感染FIP。

22. **TP**：總蛋白。即是ALB + GLB＝白蛋白加球蛋白，一般分開看比較好。

23. **Bile Acid**：膽鹽酸。通常是做BATT（膽汁酸糖耐量試驗）測試時驗的，如果吃完會造成肥胖的東西後，數值超過30則通常代表肝功能有問題或有短路的血管。

24. **Cortisol**：腎上腺皮質醇（體內類固醇）。單獨看沒意義，通常是要配合做ACTH stimulation test（皮促素刺激測試）或LDDST（小劑量地塞米松抑制測試）才有意義。高代表庫興氏症；低則代表愛迪生氏症。

25. **T4/TSH**：甲狀腺或甲狀腺刺激素。高代表甲狀腺亢進；如果有肥胖、貧血、低溫、膽固醇及肝指數高時，也有造成數值偏低的可能。但很多寵物病了或老了時，甲狀腺也會偏低，不一定是疾病影響。

26. **USG**：尿液比重。高代表脫水；低過1.020通常代表腎功能有問題或喝太多水，要做water deprivation test，也就是禁水來看看尿液會不會濃一些。

消化系統篇

 貓該餵食乾飼料？還是濕飼料？

　　已經留意古醫生的專頁一段時間，知道古醫生指出很多不同的謬誤。很多見解很值得參考。

　　以下有一則關於貓飼料的研究資訊，古醫生可否給點意見，指出乾飼料作為主飼料對貓究竟是利多於弊還是弊多於利。

　　還有，有人說，貓吃太多罐頭濕飼料，飼主又沒有幫貓清潔牙齒，貓的牙齒是否真的容易壞？

　　這裡是朋友轉載關於貓乾飼料的資訊，裡面提到了不建議以貓乾飼料作為主食，亦提出了不少的意見。因為我們沒有足夠的相關知識，所以也不能對全部的資訊作出判斷，所以想問問古醫生，這個網址寫的是對是錯，哪些中肯，哪些值得懷疑⋯⋯。

　　西諺道：「你吃什麼，就是什麼」（You are what you eat）；

華人也常說：「病從口入」。我們就先從「吃」開始。

　　網路上很多人瘋傳一篇「乾飼料不適合當主食的原因（碳水化合物、肥胖與糖尿病）」的文章。該文籲請貓咪飼主不要給貓咪們吃乾飼料，讓一些飼主感到疑惑，於是分享給我做討論。該文裡面有些論點是對的，但錯的也不少！

摘錄一

貓咪特別需要水分的補充與攝取

　　建議吃溼潤肉類飼料等如罐頭或生鮮貓食，並不完全因為水分一項因素，但水分也確實是非常重要的一個項目。

　　貓是來自沙漠的動物，貓的祖先原本就是在捕獲獵物時吃肉順便攝取水分（其獵物所含的水分大多在65%～70%以上），這樣的演化造就貓咪習慣在吃東西時兼著喝水，不會沒事主動去大量喝水（沙漠中也很少地方有水），所以貓咪天生並不是愛喝水的動物。

　　一些貓咪的病症，例如腎臟病或糖尿病，其中一個病徵就是牠會突然變得愛喝水，這是因為體內缺水程度已經到了牠必須主動去大量喝水才有補償作用，但是那時候牠的內臟機能已經出問題，通常伴隨有其他症狀，不是靠牠自己喝水就可以解決的。

　　飼料的水分最多只有10%，以飼料為主食的貓咪，會出現慢性缺水／慢性脫水的狀態，喝水不夠，體內水分少，便提高了尿液中礦物質濃度，小便次數不多，便增加了尿液積留在膀胱的時間，致使這些礦物質有機會在貓咪體內產生結晶／結石。

節錄自 http：//m.xuite.net/blog/shantih/heloisegarden/25121417

該文提到：「貓應該吃貼近天然野生貓會吃到的食物，所以乾飼料水分不夠。」的確，但試問你會給家貓吃活老鼠或鳥雀嗎？牠們在啃食這些動物的時候，會因為咬骨頭而磨乾淨牙齒，但在現實生活中吃的罐頭中，有附帶骨頭讓牠們磨牙齒嗎？鮪魚是貓平時在野外抓得到的獵物嗎？為何一堆罐頭的主要成分都是魚？貓不喜歡水，更不會下海去游泳。沙丁魚、鮪魚是牠們的天然食物嗎？

摘錄二

乾飼料中往往含有過多的碳水化合物（carbohydrate）

只吃乾飼料，或以飼料為主食的貓容易愈吃愈胖。

絕大多數飼料裡面含有太多的碳水化合物（20% ～ 30% 或更多），而貓對碳水化合物的處理能力非常有限（因為天生在唾液內就沒有相應的消化酵素，而小腸與肝的相應酵素效能低落）太多而無法有效處理的碳水化合物會在貓咪體內堆積成為脂肪，讓貓變得臃腫肥胖，除了會讓貓咪血糖高低搖擺、也會影響血液中血脂肪濃度，大大提高貓咪患上糖尿病、心臟病的機率。

貓本身可從蛋白質裡（glucogenic amino acids）與脂肪裡（glycerol）代謝出牠體內所需的血糖，碳水化合物中的澱粉 / 醣類對貓來說不是必要的能量來源，因此貓咪天生就沒有消化碳水化合物的需求（反而是需要大量的動物蛋白質）。

節錄自 http://m.xuite.net/blog/shantih/heloisegarden/25121417

該文又提到「貓代謝不到碳水化合物」？前文才剛說貓的口水及腸胃缺少能分解碳水化合物的酵素Amylase，後面卻又說乾飼料的碳水化合物是煮過的，易吸收，而導致血糖飆升，完全是自相矛盾。Amylase是消化酵素，能將碳水化合物分解為單醣，讓腸胃容易吸收。

缺少酵素但卻容易吸收，不覺得邏輯不通嗎？

不過有一點是對的。貓確實缺少能將糖分轉化為肝醣的酵素Glucokinase。不過仍有其他酵素，像是Hexokinase可以替代。而且許多論文已經證明血糖本就是必須的，多吃碳水化合物的貓並不會因此而容易有糖尿病。當貓咪碳水化合物不足的時候，仍然需要由蛋白質轉化成糖分給心臟、腦部及肌肉運用。因此多吃脂肪及蛋白質的貓會比吃碳水化合物的貓肥胖得更快許多，所以這點在原文中也錯得離譜。

另外，**糖尿病的主因並不是碳水化合物的攝取，而是肥胖！**

家貓肥胖的主要原因是缺少運動，不用奔跑去捉自己的食物。換言之，肥胖與碳水化合物的攝取基本上無太大關係。不過，如果已經有糖尿病的貓，就應該儘量避免血糖突然飆升。也就是說，如果貓咪已經有糖尿病就應該少吃碳水化合物的食物，但這是有糖尿病之後的飼育方式，而不是造成糖尿病的原因，是前後，而非因果關係。

如果家有肥貓，罹患糖尿病的風險的確很高，通常是因為慢性胰臟炎造成的。如果你家的肥貓偶爾會嘔吐，又沒有吐毛出來，建議請獸醫檢查Lipase（胰臟酵素）以及fPL（貓咪胰臟炎快速檢測），看看有沒有慢性胰臟炎。

另外，我並不反對餵貓咪罐頭，尤其會建議在冬天給公貓餵食

罐頭，主要是因為尿道問題。然而一定要記得幫牠們刷牙。貓咪因為牙周病而來拔牙的病例不計其數！

罐頭如兩面刃，幫貓咪補充水分的同時，也在破壞貓咪的牙齒。如果刷不到牙，也麻煩另外餵貓咪一兩粒潔齒處方飼料（RC Dental or Hill's t/d）。因為這些處方飼料也滿營養的，提供一兩粒就夠了。

當然也會有其他飼主提出疑問：

吃乾飼料就不用洗牙、拔牙了嗎？另外，就我餵乾飼料的經驗，牙齒上倒是滿容易卡些像我們吃餅乾時的餅乾殘渣的，反而吃溼食時較沒有殘留。另外，我覺得您可能沒有讀過作者所有的文章。雖然罐頭在水分上勝過乾飼料，但作者並不是鼓勵所有的罐頭，例如您說的魚罐頭，特別是 Tuna（鮪魚），他是比較鼓勵雞肉罐頭的，也的確是較符合貓咪天然的食物。如果吃潔牙飼料有用的話，那麼，為何還有很多獸醫依然鼓勵飼主每年給貓、狗洗一次牙呢？

另外還想請問古醫師，您是說作者的某些乾飼料不好的論點錯誤，還是「乾飼料不好」這一點是錯誤的？還有，您說「貓咪因為牙周病而來拔牙的不計其數，罐頭如兩面刃，幫貓咪補充水分的同時也在破壞貓咪的牙齒」，意思是牙周病是罐頭引起的是嗎？所以吃乾飼料較不會有牙周病，這是您的意思嗎？

我沒有看該文作者的其他文章。有飼主於二〇一四年一月二日請我評論這篇文章，我就只評論這篇文章，就事論事，指出文章中的錯誤。

公貓如果冬天不願意喝水，我也是建議餵食罐頭的。

我只是反對作者所提出的「乾飼料令貓肥胖，而導致糖尿病等問題」的論點，因為就經驗而言，愈肥的貓，通常愈愛吃罐頭。如我的文章最後所言，我並沒有排斥罐頭，只要你能幫你的貓刷牙，或自己加潔齒處方飼料。

至於以前貓很少有腎臟疾病，可能是因為以前貓很少可以活到十幾二十歲而已。現在醫學進步，讓貓更長壽。當然也有可能是現在不肖商人多，在狗、貓飼料中添加過多三聚氰胺，導致貓狗都容易有腎臟病。順便一提，三聚氰胺加在乾飼料裡跟加在罐頭裡，都一樣是用來給檢測人員檢驗粗蛋白含量時欺騙儀器，讓檢測人員以為糧食裡面的粗蛋白含量較高而已。 但服用三聚氰胺容易產生腎臟或膀胱結石及增加腎臟負擔，另外三聚氰胺並沒有乾飼料含量比濕飼料多的事情。只是罐頭裡80%以上都是水，基本上等於在花錢買水，還不如自己弄划算些。我並不反對家裡自製的食物，只要飼主有時間，而且記得幫動物刷牙就好！

事實上，乾飼料如果太小粒，貓咪都是用吞的，那依然會造成牙結石。提問的飼主的經驗沒有錯，有些乾飼料的確會有殘留，但通常貓咪可以自行輕易舔舐乾淨。

我的經驗是，牙結石嚴重的貓，十隻中有九隻都是吃罐頭。當罐頭的殘渣卡在縫隙時就不是貓咪自己可以舔掉的了，而且會慢慢愈黏愈多。吃乾飼料比較不會有累積效應，新的乾飼料反而可以將舊的殘渣磨掉，而不會堆積，但罐頭的軟食就會堆疊上去。

此外，我沒有聽過其他獸醫會叫飼主帶寵物每年洗一次牙的。為了避免麻醉傷身，除非必要，一般獸醫應該不會做這樣的建議。各位可以參考我部落格在二〇一三年四月十五日所寫的一篇幫貓狗刷牙的文章，書中還會有專篇做解說。

再次強調，依照我的經驗，吃乾飼料參雜 t/d（潔齒處方）的貓狗，牠們的牙齒真的很乾淨，如此而已。有沒有效飼主自己試了就知道。

若覺得我講得正確，請分享。不要讓太多貓咪飼主被誤導，最後每隻都來洗牙、拔牙；然後每隻貓都因為只吃高脂肪、高蛋白質食物，體重全部超標。要知道，同樣分量的脂肪及蛋白質所含的能量遠遠高於澱粉醣類！一直吃高脂肪、高蛋白質食物能不發胖嗎？更別提高蛋白質會對腎臟造成的負擔！野生的貓平均壽命只有四‧七歲，因此高蛋白質食物對於四至五歲的貓並沒有什麼影響，但你要給家裡十多歲的高齡貓吃高蛋白質、高脂肪的食物嗎？

最後還是要提醒，要避免貓咪得糖尿病，絕對不要過度餵食，避免貓咪過於肥胖。無論餵食乾飼料或罐頭，側面看貓時，必須看得到胸骨後面有腰部曲線；從上面看，也要看到有腰部曲線，但不能看到肋骨，看到肋骨就太瘦了！

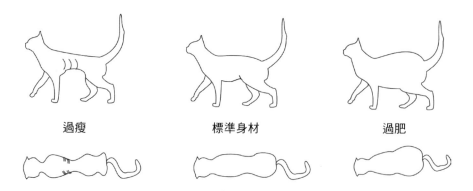

過瘦　　　　　　標準身材　　　　　　過肥

貓咪飼養 Q & A

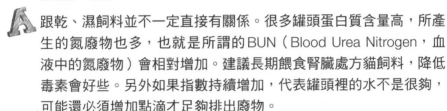

　　這裡整理出網路上飼主時常詢問的相關問題給讀者做參考。由於每一種疾病與貓咪健康狀態各有不同，因此當發現愛貓出現疾病徵兆時，請務必先送至動物醫院做檢查治療。

Q 古道醫生您好，幾個問題想請教您。我家貓咪二月的 BUN 39、CRSC 3.0、體重 3.7kg。二月以前只有一餐給罐頭加水。血檢之後，改採三餐都給罐頭，每天約 150 ～ 170g。中間曾經試過給雞腿肉（生的、半生熟的）都不賞臉。今天帶去血檢，BUN 49、CRSC 3.9。指數增加，體重卻掉到 3.5kg。醫生建議我恢復兩餐乾飼料、一餐罐頭的模式，兩週後再去驗血。請問我該照醫生的建議恢復乾飼料嗎？本來是想慢慢轉成肉泥，想說先讓牠習慣吃濕食。現在恢復乾飼料，不是走回頭路了嗎？該怎麼辦呢？現在有點慌亂，麻煩給我點建議，謝謝！

A 跟乾、濕飼料並不一定直接有關係。很多罐頭蛋白質含量高，所產生的氮廢物也多，也就是所謂的 BUN（Blood Urea Nitrogen，血液中的氮廢物）會相對增加。建議長期餵食腎臟處方貓飼料，降低毒素會好些。另外如果指數持續增加，代表罐頭裡的水不是很夠，可能還必須增加點滴才足夠排出廢物。

Q 若幼貓吃了老貓飼料，或老貓吃了幼貓飼料，會否有什麼不良後果？

A 老貓若吃了幼貓飼料，容易有胰臟炎、糖尿病。而幼貓如果吃了老貓飼料，就會營養不良，發育不健全。但如果只是吃到少量，影響不大，不用太緊張！

古醫師您好，最近家裡貓咪又開始嘔吐了，有時候還會帶一點血絲。之前因為同一個原因帶牠看過兩次醫生了，大概都是隔了二至三個月左右又開始嘔吐，這是有其他原因還是⋯⋯？之前驗血 Lipase（解脂酵素）指數一直偏高。現在每天都是少量多餐，大概持續了兩個月左右，最近有多給一點乾飼料。貓咪胃口很正常，也沒有精神不好的情況。

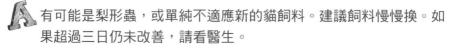 有沒有少量多餐，餵食低脂飼料呢？「低脂飼料」才能確實減少胰臟負擔。

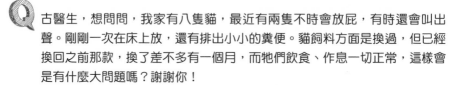 古醫生，想問問，我家有八隻貓，最近有兩隻不時會放屁，有時還會叫出聲。剛剛一次在床上放，還有排出小小的糞便。貓飼料方面是換過，但已經換回之前那款，換了差不多有一個月，而牠們飲食、作息一切正常，這樣會是有什麼大問題嗎？謝謝你！

有可能是梨形蟲，或單純不適應新的貓飼料。建議飼料慢慢換。如果超過三日仍未改善，請看醫生。

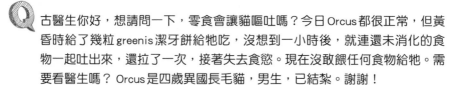 古醫生你好，想請問一下，零食會讓貓嘔吐嗎？今日 Orcus 都很正常，但黃昏時給了幾粒 greenis 潔牙餅給牠吃，沒想到一小時後，就連還未消化的食物一起吐出來，還拉了一次，接著失去食慾。現在沒敢餵任何食物給牠。需要看醫生嗎？Orcus 是四歲異國長毛貓，男生，已結紮。謝謝！

如果貓咪一直嘔吐，建議在一、兩個星期內，戒食任何正餐以外的食物。

 想問一下我的異短貓（女），一歲半，3.9kg，一日應餵食多少 195g 的 Royal Canin 處方濕飼料才足夠？另外，開胃藥可以長期餵食嗎？ Thanks ！

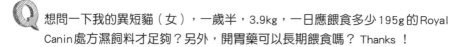 我不知道你處方飼料的成分。通常 Royal Canin 的說明書上會寫明建議的分量，但我都建議飼主以能在兩分鐘內吃完為原則。如果吃不完，就代表給得太多了。為何要長期吃開胃藥？貓咪不開胃，一定有其他問題。開胃藥通常只是抗憂鬱藥，長期服用會有依賴性，建議不要。

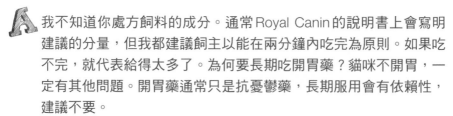

Q 醫生，我想問是否給貓多喝點水，就可以令貓咪的尿尿不會那麼臭呢？之前試過餵食一包Royal的去毛球除臭室內貓飼料，尿尿真的沒那麼臭，是否可以長期餵食呢？另外，有寵物店說現在好多貓都改成餵食生肉了！更加健康，是真的嗎？

A 寵物店通常是以賣哪種食物利益最高為原則。吃無添加的食物當然比吃有防腐劑的乾飼料好，但前提是你要能幫貓咪刷牙，而且生肉有可能會讓貓咪缺鈣，建議偶爾吃吃就好。吃生肉的話尿尿可能會更臭，因為高蛋白質食物消化分解後就會產生較高的氮廢物，而尿尿臭味就是跟這些氮廢物有關。任何高蛋白質的食物都會令貓咪尿尿變臭！

Q 醫生，你好！我有兩隻公貓咪，一隻五歲多，另一隻七歲多，一向大小便、飲食都算正常。因為希望牠們吸收多點水分，所以兩個月前，開始固定早、晚都將罐頭、水、新鮮貓草混合給牠們吃，相安無事、大小便量都明顯比以前多。但約一星期前，試過煮南瓜餵食，每次用約5至10ml南瓜混濕飼料，只餵了兩、三次，但牠們不吃，特別是那隻較小的貓更抗拒，但都有吃乾飼料和零食，沒有異常。但約三、四日前開始，兩隻貓都不怎麼吃乾飼料，尤其那隻小的貓，甚至連平日最愛的零食和罐頭都沒有興趣。它們會低頭去嗅一下，用手撥一下乾飼料、零食，或者吃個一粒、半粒，猶豫一番就走開。罐頭加水也只會吃一點點，每次都會走去，聞一下就走開。當然尿量也比平日少。今日只小便一次，但不覺有排尿困難的狀況，不過已經有三天沒排便。餵南瓜後，小隻的貓試過，吐過兩次，但精神又不覺有異常，只是好像很無聊，有時好像想上廁所，卻又掉頭回來。牠輕了約1磅，現在兩隻都大約15磅。我住在外國，暫時還沒找到可靠的醫生。家人說我過分擔心，但真的開始有點驚慌！

A 貓咪是肉食動物，請不要將南瓜等蔬果加入貓食裡面，可能會造成貓咪反感。雖然5ml到10ml不算太多，但仍然不建議。拌入少少纖維性的蔬菜即可。會去聞一下，就代表還有胃口，只是味道不合。通常15磅對任何貓咪來講都太重了。年紀大，可能有慢性胰臟炎導致的糖尿病或其他問題。建議儘快減肥。最好做個驗血，看看血糖及Lipase胰臟酵素會不會超標吧！

醫生您好，請問我家貓上週因為吃得少，所以帶去看醫生。目前只吃罐頭，但還是吃得少，不過水會喝。經過抽血檢查後，發現 HCT：17.4%（紅血球壓量），HGB：5.5g/d（血紅素）L，L/M（淋巴球及單核球）：1.1*10^9/L 這三樣過低。另外還有BUN（血液氮廢物）：10mg/d L 偏低，ALT（肝臟酵素）：194U/L 偏高，主要是貧血跟肝指數過高。後來再做二合一檢查，有白血病的反應。以前有過牙齒問題。後來拔了兩顆後，再加上發作時會打抗生素，頻率約三個月一次左右。今天有去打鐵劑，想增加造血。雖然吃的少，昨天身體有點軟軟的，但今天會吵著要出去，也會喵喵叫，跳來跳去，明顯比前幾天好。雖然牠吃得少，我仍然一天餵四次。有時牠會想吃，但吃不多。糞便是條狀，但量不多（醫生看了照片，說裡面有蟲）。我有查網路一些資料，知道若好好照顧，是有機會變好。若有狀況的話，我只是希望牠可以舒服一點。不打算採用強迫性或侵入性治療，順其自然，所以想請問能如何增加牠吃東西的量。而且若一直吃罐頭也不是辦法，怕營養不均：乾飼料本來都是吃皇家室內貓，但現在不肯吃。換皇家的挑嘴貓可以引發食慾嗎？謝謝！

貓不吃東西，開胃藥只是治標不治本。有白血病毒嗎？如果有白血病毒則容易有淋巴癌，那問題就很大，但感覺像是你們給貓咪吃了感冒藥或普拿疼之類的藥物造成肝臟受傷及血球爆裂。你們家人的藥物有收好嗎？貓咪在不吃東西之前或之後，家裡有人給牠吃過什麼人服用的藥物嗎？如果沒有，反而比較棘手。不吃東西是果不是因。找到因，治療了因，慢慢就會吃東西了！

古醫生你好，我有一隻五個月大的英短公貓，自二十八日開始突然排軟便。一開始牠的便便是條型，不過濕濕的。直到今天，牠一日排了三次，每次都是軟便。但牠依然玩得、跑得、吃得，完全看不出來身體不舒服，就只排軟便。有部分成條型或粒型，有部分好像果凍，而且好臭。還有一次不在砂盆便便，這是牠從沒做過的。牠十八日先服了驅蟲藥，我還可以做點什麼？

單細胞蟲要顯微鏡才看得到。可能與換飼料有關係，但若是換回原本的飼料應該就沒問題。益生菌對普通腸胃過敏有一點效果。此外，驅蟲藥驅不到單細胞蟲，如梨形蟲或球蟲。如果最近沒有換過飼料，應該要看醫生驗一下糞便，檢查是否有這些單細胞寄生蟲。

Q 古醫生，你好！我想問一下我的貓的情況。我的貓的品種是EXOTIC.S.H（異國短毛貓），性別是公，出生日期是二〇一三年六月十八日。首先，我這隻貓由昨晚起到今日都不進食，不過有喝水，也有去廁所。我想問一下這隻貓是否是因為發情而令其不想進食？

第二，我想問一下我這隻貓應該在什麼時候做結紮手術？我希望醫生可以抽空解答小弟疑問，感激不盡！

A 六個月大就可以結紮。發情會使食慾偏差，但不會完全不進食。如果有下痢、嘔吐或尿不出來等症狀，就要儘快看醫生。

Q 古醫生，你好！我最近自己煮貓食，材料包括雞、鴨、魚、貝類都有。每日清貓砂，卻發現排便量少到離奇。兩隻貓加起來還沒有以前一隻貓的分量。是貓咪轉吃鮮食的緣故嗎？如果真是便祕，該怎麼辦呢？

A 妳的食材全部是蛋白質肉類，完全沒有纖維。糞便主要是消化不到的纖維組成的。既然妳的食物裡沒有纖維，當然排便量會少，久而久之的確會變成便祕！建議仍要給貓咪少量纖維。

Q 古醫師您好，這個（一種含Taurine成分的產品）對貓咪的營養補充夠嗎？還有狗狗可以一起吃嗎？

A Taurine（牛磺酸）是貓咪心臟肌肉纖維形成時所需要的必要胺基酸。人和狗都會自己製造牛磺酸，貓咪卻需要靠食物攝取。不過所有貓飼料都有加了，無需另外購買！

Q 古醫生，你好！我的貓咪最近嘔了幾次胃液，對平時吃的乾、濕飼料都沒興趣。已試過給另一個品牌的乾、濕飼料，還是沒吃多少。不知道牠是沒胃口吃，還是不喜歡吃。但牠是一隻貪吃貓，平時少給一點飼料，也會被牠纏著追討！現在卻吃很少、很少。我很擔心牠健康是否出了問題。牠已經八歲。除了最近吃得很少、很少之外，精神還很好。請問我需要帶牠看醫生嗎？

A 最好儘快去驗個血。胰臟炎、腎臟病或糖尿病的機會很大。

古醫生，請問成年家貓有什麼每年必須打的預防針或驅蟲藥要用的嗎？有沒有需要每年到獸醫診所做身體檢查？如需，一般會檢查什麼？如何判斷貓咪是否過胖？我家有三隻六歲的貓咪，是否開始步入高齡？選飼料方面有沒有什麼成份／營養分配要注意？有沒有某個可信賴的牌子推介？我看書上提到一般成年貓咪的理想飲食應該是：

- 不少於45% Protein 蛋白質如肉類奶類蛋類等等
- 25-45% Fat 脂肪
- 不多於10% Carbohydrates 澱粉，米飯麵條等等
- 不多於2% Fiber 纖維，蔬菜
- 不少於63% Moisture 水分

請問上面的資料正確嗎？ 十分感謝！

抱歉，問題太多，無法一一回答。

基本上建議七歲以上要年年檢查，驗血驗腎指數最安全。

過胖與否在於腰部曲線。

七、八歲才進入高齡。

野外的貓吃東西的成分差不多是這樣，但住在家裡的貓不一定需要這麼多脂肪與蛋白，因為家裡的貓運動量少，反而會建議纖維要多一些。

🐾 預防誤食

在香港做了這麼久的獸醫，最深刻了解到的道理就是：

貓真的是什麼都能吞！

很多人愛問我貓咪這能不能吃，那能不能吃。總歸來說，**貓咪是肉食動物，真正完全不能吃的是人類用的藥**，其他的食物其實少量並不會造成太大的傷害。

不過記得有一年在農曆新年期間，一位老太太抱著一隻貓，滿臉焦急地衝進診所。一進來就急匆匆地說：「醫生，牠早上還精神奕奕地，晚上就又嘔吐、又虛弱，你看，一下子變成這樣。」

造成貓咪嘔吐的原因很多，於是決定先驗血。未料一驗血，腎指數破表。一隻約一歲左右的年輕貓咪，我推斷突然染上重病的可能性微乎其微，最可能是食物中毒引發。突然想到正值過年，所以我問飼主：

「請問您是不是買了花？」

「是啊！」她回答。

「是不是買了百合花？」

「是啊！醫生，你怎麼知道？**驗血報告上會說是百合花嗎？**」主人驚訝地問。

「你的貓偷吃了百合花對嗎？」

「沒錯，我擺在高高的櫃子上，沒想到牠還是跳上去吃。」

百合花有香氣，貓咪又是跳上跳下的高手，結果老太太的兩隻小朋友都跳去偷吃了幾片百合花。不過諷刺的是，吃得多的那隻貓

咪全部都吐了出來，反而沒事；吃得少的這隻，不過只吃了幾口葉子，卻導致急性腎衰竭，最後洗腎都沒有用，撐了三天後仍然回天乏術！

所以養貓時儘量少種些花花草草。除了**百合花**會引起急性中毒外，種花草時用的**肥料**或**殺蟲劑**對貓咪來說也有毒性，容易導致抽筋或嚴重爆肝，千萬要小心！此外，貓咪肝臟很差，真的不能碰**洋蔥、大蒜、或普拿疼**（panadol）等。我遇過貓咪吃到洋蔥豬排的案例，吃完後因為洋蔥而造成爆肝和急性貧血，所以貓咪務必要注意不能吃到洋蔥！

百合花

總而言之，養貓請盡可能不要養花植草。此外，貓咪會跳高，所以東西要擺好，上述幾種比較毒的東西更加要小心收藏好。人的藥物由於劑量較高、濃度也較純，因此貓咪就算只吃了一點點都可能會出事。千萬要注意！

這裡分享兩個關於誤食的案例，主角是兩隻分別來急診的貓。

第一隻兩歲。媽媽帶著女兒衝進診間時抱著牠，貓嘴邊還掛著一條紅色的線。

起初我不以為意，因為很多貓都會亂咬東西。貓的舌頭上有倒

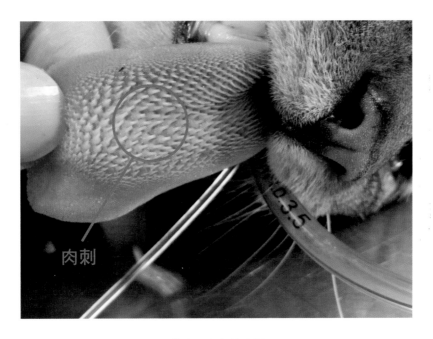

貓咪舌頭上的肉刺

生著的肉刺，讓牠們在作舔這個動作的同時，常常會把一些有毛的東西吞下去。

　　牠們可能原本也沒有想吞的意思，但這個構造的演化使得牠們愈舔就會愈把毛線往口中送。這原本是為了讓牠們自己梳毛、吞毛球所演化出來的構造，但到後來就變成只要有毛的東西或粗糙一點的東西，貓咪就會不小心全都吞進去！

　　這時貓咪的飼主才跟我說，原來她女兒在家裡做手工縫香包，結果一回頭發現針和線都不見了，只見到貓咪嘴邊還留著贓物。聽到我立刻被嚇到，二話不說，先檢查完貓咪心跳循環都正常後，趕緊幫牠照 X 光。誰知道看到片子更差點讓我昏倒。

片子中的那隻針是倒插的！

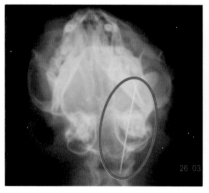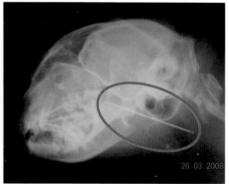

X片中可看出針在貓咪頭中的位置是倒插的

也就是說，如果亂拉外面那條線，它只會愈插愈深，最後可能從後面插到鼻腔甚至眼球。偏偏又不能麻醉，因為麻醉要插管，會擋住視線。只能儘量固定住貓，可是貓又會抗拒，這時只能埋怨貓咪的嘴巴怎麼那麼小，喉嚨那麼窄，讓我看都看不清楚。先拿了個照耳朵的耳鏡來照，還是看不到那根針的尾巴。最後只好用超長的止血鉗，瞎子摸象般地往裡面慢慢推、慢慢推，花了足足三個小時才將針取出來。

其實中間一度想放棄，打算乾脆麻醉後從外部動刀，但頸部手術很危險，附近有很多神經和血管。一不小心，可能會在手術後造成貓咪嘴歪眼斜。此外，嘴巴內細菌很多，傷口容易感染，食道也不容易癒合。

第二隻貓就沒那麼幸運能躲過一刀了，還好不是頸部。
在這之前我們先談談除了毛線、針線外，貓還愛吞什麼呢？

在國外，貓很常誤吞的東西是釣魚線，因為牠們很喜歡玩線狀物體，但又常常不小心將線誤吞下去。所以能看到釣魚線一端在貓咪嘴巴外面，另一端在屁股外面的情況。這個時候可千萬別因為覺得好玩而去拉這條線啊！因為很可能一拉釣魚線，就會把已經糾結的腸子割破，腸子中的細菌就會跑出來逛街，生兒育女子孫滿堂，造成嚴重細菌系腹膜炎感染。這時候就算是獸醫界的華陀也無力回天了！

那如果遇到這種意外，該怎麼辦呢？

這就要回到這個案例開始說了。這是一隻一歲半的母貓，兇得很，很難做檢查。飼主也是一對母女。這隻貓已經連續吐了五天了，而且一天吐得比一天厲害。

年紀輕的母貓吐不停，是腸胃炎？胰臟炎？異物堵塞？

在飼主告知沒有亂餵人吃的東西後，先將胰臟炎暫時排除。再來，飼主坦承貓有亂吞東西的習慣，什麼都愛玩、愛吞，舉凡塑膠袋、毛線、毛巾，甚至布娃娃都會咬爛後把棉花吞下去。一聽到這個消息頓時令我為這隻鐵胃貓擔心不已！於是抱著已經注射過鎮定劑而昏睡的貓往 X 光室裡衝。

X 光片洗出來後，在判讀上，我和另一位醫師意見相左，不過都一致同意得緊急開刀。下刀後，就看到全部腸子都糾結在一起，已經千瘡百孔，到處都有消化物漏出來。我們仔細觸摸檢查，發現異物有一端在大腸，另一端還在胃裡面。這下怎麼辦呢？

於是我們決定把這個線狀物體分成三段分別取出。到大腸的那段，切斷後就讓它去吧！因為大腸的寬度最寬，能到大腸就應該能排泄得出來，而且大腸中細菌最多，要是真的對大腸動刀，感染的機會非常大。在中間有兩段腸子實在壞死得太嚴重，只好截腸再接

腸！整個手術做了我們整整四個鐘頭。

連接完腸子還要測試看會不會漏水。要再拿針筒，注射乾淨的食鹽水灌進腸子裡測試。等確定一切都密不透風之後，再回胃中間取出最後一段。這在胃中間卡住腸子並捲成一堆的究竟是什麼東西呢？這東西還很有彈性，到底是什麼呢？

先賣個關子。又是清洗肚子的時間，因為這次感染得比較嚴重，到處都有消化物漏出來，所以要洗得比較乾淨一點。這一洗又洗了一個鐘頭。最後縫好肚子，搞完點滴，打完抗生素針，一開門，天亮了！

到底那有彈性的東西是什麼呢？

答案是飼主女兒的一雙絲襪！相當有彈性喔！竟然可以從胃拉到大腸！

其實，做了那麼久獸醫，被雞骨頭卡住的狗或貓還真沒看過。但吞絲襪的貓、吃內褲、吃臭襪子的狗也不知道見了幾隻！很多寵物都喜歡有飼主氣味的東西，所以若真愛你們的寵物，飼主們，請千萬要收好你們的貼身衣物，特別是養貓的飼主們。你們放再高，牠們也拿得到。

請養成良好的生活習慣，將這些易吞食的衣物放在抽屜或衣櫥裡關好，不要隨便亂丟。針線，尤其帶針的線更是千萬要收好，否則寵物受罪，飼主傷神又破財，獸醫更是面臨眼力、毅力、體力、技術、還有被抓傷、咬傷的終極考驗！

貓咪飼養 Q&A

這裡整理出網路上飼主時常詢問的相關問題給讀者做參考。由於每一種疾病與貓咪健康狀態各有不同，因此當發現愛貓出現疾病徵兆時，請務必先送至動物醫院做檢查治療。

Q 請問醫生，如果吞下的是塑膠袋或繩子，會建議催吐嗎？謝謝您！

A 貓通常喜歡吞線性物體。如果吞了繩子，通常發現的時候已經造成腸打結了，這時再催吐是沒有用的。貓咪還喜歡玩塑膠袋，不過幾乎沒有見過造成堵塞或打結的，所以不太需要擔心。如果親眼見到貓咪吞了繩子，四個鐘頭內催吐，可能還是吐得出來。自家可以用高鹽分鹽水刺激嘔吐，當然還是建議去獸醫診所打支甲苯噻嗪（Xylazine）催吐比較安全。

Q 古道醫生，請問如果貓咪舔金屬製品，例如：桌腳、門鍊，是什麼情況？為什麼會這樣做呢？有時間請回覆我好嗎？

A 很少聽過這種情況。通常草食動物會舔岩石或金屬是為了獲得礦物質，貓咪通常是因為好奇而舔塑膠袋及繩子、毛線等物件，很少會舔金屬。妳這隻貓咪比較特別。有可能是牠喜歡金屬的感覺，也有可能是牠的舌頭有點發炎或發熱，舔金屬的東西，可以讓牠降溫，比較舒服！

Q 我家的扁喵不愛咬百合，愛咬黃金葛。目前是都沒怎樣啦，只是我家的黃金葛都快被牠吃光了。牠現在還是活跳跳，只是媽媽就乾脆不種黃金葛了。我需要帶牠去看醫師嗎？

A 很多花都有毒，例如茉莉花、蘆薈、天堂鳥花、金鳳花等會造成腹瀉嘔吐，萬年青等家裡常見的植物也會造成口舌潰瘍無法吞嚥，還有很多水果的莖與葉都會造成貓咪中毒，如蘋果樹、桃樹等等。
建議養了貓，就別想養花養草了！最多養養小麥草幫助貓咪消化就算啦！

Q 你提到草食動物才有可能會舔金屬，但有一點想向你詢問，我的貓咪是素食貓，這樣會有這種情況嗎？有什麼方法可改善這情況嗎？

A 貓咪是肉食動物，請勿餵食純素，容易有心肌問題及其他諸多問題，千萬小心！
很久以前，曾經發生過很多貓咪心臟肌肉變薄的心臟病。經過研究診斷後發現，原來是很多主人餵貓咪吃狗飼料或人吃的東西。由於人及狗都可以由體內自行製造心肌必須的氨基酸、牛璜酸，唯獨貓咪必須從食物中獲得所需要的牛璜酸來製造心臟肌肉纖維！長期吃人類食物或狗狗飼料的貓咪會缺乏這種必要的氨基酸而導致心肌變薄，最後心臟變大而無力收縮，導致心臟衰竭而死亡！
因此千萬不要餵食貓咪人吃的食物或純素，更不要吃狗的飼料，不然很容易營養不均衡而導致種種疾病！

貓咪一直吐是在吐毛球嗎？其實是胰臟炎！

很多貓咪都有慢性嘔吐或拉肚子的情形，所以今天就讓我簡略討論貓咪常見的腸胃問題及需要做的診斷和特別照顧。

首先，偶爾嘔吐一至兩次，加上拉肚子幾次，糞便有帶鮮血或有黏液，通常是吃錯東西引發的腸胃炎。只需給貓咪喝足夠的水及少量多餐，進食一些清淡的食物，幾天後通常就沒事了。

看醫生，吃藥當然會好得快一些。這些動物通常精神都還不錯，也還肯吃，不算太嚴重。就算嘔吐物有鮮血，通常也只是口腔或食道受損，無須過分擔心。**不過如果有血塊或黑褐色的血就要注意了！**

嘔吐次數計算的方式，是只要在五分鐘之內連續嘔吐，不論嘔吐物有幾灘都只算一次。如果一天之內嘔吐超過四次以上就比較麻煩了，特別是當貓咪完全不肯吃東西，也沒有精神的話，就很有可能是異物堵塞或急性胰臟炎。

貓咪因為舌頭有倒刺，很容易勾住有纖維的布類物品，造成「線狀塞腸」，X光只能看出腸子因為物件而糾結。此外，尚可以讓其吞顯影劑來做造影X光，確認有無堵塞。若確定有異物堵塞，只有開刀一途。如果剛剛吞了東西，四小時之內，可以打催吐針，看看吐不吐得出來，通常可以很快吐出來。如果超過四個小時，而X光判斷異物在胃部，則可以用內視鏡配合夾子夾出來。雖然仍然需要麻醉，但省了開刀之苦，也少了感染腹膜炎等手術後併發症的風險。

胰臟炎只要驗血就知道。通常可以直接做cPL和fPL（狗和貓的胰臟炎快速測試）。但由於沒有指數，我還是比較喜歡直接驗脂

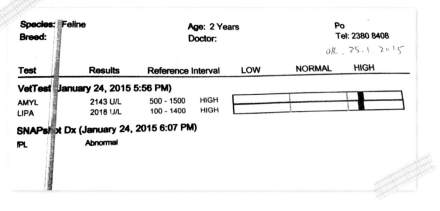

Species: Feline
Age: 2 Years
Po
Tel: 2380 8408
Breed:
Doctor:

OK. 25.1.2015

Test	Results	Reference Interval	LOW	NORMAL	HIGH

VetTest (January 24, 2015 5:56 PM)
AMYL   2143 U/L   500 - 1500   HIGH
LIPA   2018 U/L   100 - 1400   HIGH

SNAPshot Dx (January 24, 2015 6:07 PM)
fPL   Abnormal

fPL 不正常（Abnormal）及 Amylase 澱粉酶和 Lipase 脂肪酶過高，通常代表貓咪有慢性胰臟炎或潰爛。

肪酶（Lipase）、醣酶（Amylase）的指數。有數據比較好判斷胰臟炎的嚴重性。

輕微的胰臟炎，少量多餐，吃低脂肪、低蛋白質的腸胃處方飼料就好。再配合少量抗生素保護胰臟，及施打止吐針或止吐藥，通常幾天後就沒問題了。但嚴重的胰臟炎有死亡危險，需要留院吊點滴，打止吐針。

貓咪胰臟炎通常是慢性的。一個星期或兩個星期嘔吐一次，沒有毛球在裡面。肥胖的貓特別容易得到。如果貓咪突然有吐得比平日嚴重的情況，建議驗一下 Lipase，因為這些貓很容易有慢性胰臟炎，最後導致肥貓糖尿病！

胰臟炎和腸胃堵塞最常見，但很少造成腹瀉，所以如果又嘔吐、又下痢，就不大可能是這兩個病症造成，有比較高的機率是急性腸胃過敏或腸胃炎，當然也有可能是最近滿流行的梨形蟲（鞭毛蟲）或球蟲感染。通常醫生弄一點點排泄物在顯微鏡下看看，就可以確認是否有這個可能性。

其他的腸胃寄生蟲很少會造成腸胃病症。蛔蟲等寄生蟲會吸收貓咪的營養，但不會造成腸胃病症，除非數量太多，可能會嘔吐或排泄出來。另外還有一種可能，儘管機率非常低，也是會有可能因為蛔蟲太長，造成線性異物堵塞及腸套疊。

貓咪如果慢性拉肚子甚至有血，驗了糞便也沒有蟲，則很有可能是所謂的IBD（Inflammatory Bowel Disease），也就是「嚴重的慢性腸胃過敏」。

建議檢驗一下貓咪對什麼食物過敏，而避開這些容易過敏的食物。如果換了食物仍然沒有用，則可能需要吃一段時間的類固醇降低免疫系統。

理論上IBD需要用內視鏡從腸道採樣或直接開腹採樣化驗才能確診，但由於兩種作法都需要麻醉而且都是侵入性，因此用類固醇的試驗性療法其實也可以作為診斷的依據之一。如果用了類固醇後貓咪拉肚子情況就有改善的話，那麼IBD的機會通常就很大了！

最近我有很多IBD的貓咪，吃了主人自己做的鮮食或生肉貓飼料後不藥而癒，這很可能是因為有些貓咪的腸胃裡的細菌會在過多糖分的地方滋生，而乾糧中的碳水化合物通常會很快在腸胃內轉變成糖分而滋養這些細菌，造成拉肚子。因此改吃生肉飼料或少澱粉的鮮食可能可以減少貓咪腸胃內細菌數量及種類進而達到正常蠕動及排便的目的。因此如果家裡貓咪有慢性拉肚子的情形的時候，可以先試試換成生肉飼料，觀察看看有沒有改善。

無論如何，**貓咪建議少量多餐**。貓咪抗議的時候，再給幾顆乾貓飼料。這樣最不容易引起肥胖。然而由於大部分的家長都要上班，所以幾乎都是擺一堆乾貓飼料在碗裡，讓貓咪慢慢吃，以致於造成肥貓滿天下的問題。

　　這裡整理出網路上飼主時常詢問的相關問題給讀者做參考。由於每一種疾病與貓咪健康狀態各有不同，因此當發現愛貓出現疾病徵兆時，請務必先送至動物醫院做檢查治療。

Q 醫生，如果因為開刀引發腹膜炎是否就沒救了？如果在開刀過程中休克也是沒救嗎？

A 開刀引發腹膜炎的機會不高，因為腸胃開刀時我們都會很小心，不讓腸胃裡面的東西跑出來；開完刀後，也都會將肚子裡面清洗一次，再吸乾水。所以做這類手術這麼久，尚未發生過腹膜炎的情況。一旦有，通常要緊急做開腹手術，再清洗腹腔內的膿水，不過通常已經太遲了！麻醉時休克，當然只能急救，急救若無效，就沒有辦法了！

Q 醫生你好，我家有一隻十歲的公貓，日常生活很正常，能吃能睡，但糞便持續拉稀的狀態已經持續好一段時間，偶爾糞便會帶血，而且上廁所的時候會叫，估計是感覺痛。有時躺著睡覺也會突然叫。帶牠去看過好幾個醫生，但都無法確實的查出原因，只是懷疑是腸道發炎之類的。現在只好讓牠這樣。不知道是否能判斷病因，謝謝！

A 貓咪有所謂IBD，也就是嚴重的腸胃過敏，但要先驗糞便，排除有慢性的鞭毛蟲（梨形蟲）或球蟲感染才行。如果確認沒有寄生蟲之後，可能建議做個過敏源測試。知道貓咪對什麼食物過敏以後，儘量避開這些食物就好。真的不行，有時候有些貓咪會嚴重到要長期吃類固醇來抗過敏！

我在街上養了一隻貓咪，但牠一整個星期不時拉肚子，請問是什麼問題？

 可能有梨形蟲、球蟲或腸胃過敏。

 我家老貓十三歲了，最近開始吃得好少，所以帶牠看醫生。醫生檢查、驗血後，說有糖尿病，胰臟也有發炎，於是留院吊了幾日點滴，要餵藥，並換腎臟病飼料。然而回家後，還是不肯吃東西。請問有任何辦法可以使牠吃東西嗎？好擔心！

 慢性胰臟炎會讓貓咪胃口不佳。牠的腎臟還好嗎？糖尿病為何要換腎臟病飼料？很多貓都不太願意吃腎臟病飼料。

 醫生，我的黑貓今天整天嘔吐。會不會是著涼（冷親）啊？

 應該是胃炎、胰臟炎或中毒。著涼會降低免疫系統，讓很多問題產生，但西醫沒有著涼這種事情，除非是幼貓的低溫症。

骨骼系統篇

 如何幫貓咪刷牙？

　　貓咪會不會蛀牙？幾乎不會！

　　為什麼呢？因為**貓咪的口水是鹼性的，不像人是酸性的，所以正常的貓咪是不會口臭（酸臭味）**。而蛀牙的細菌只生長在酸性口水中，也就是為何人吃完東西要常常刷牙，不然口水變酸，細菌就開始工作了。但貓咪不用刷得那麼努力，因為牠們口水中並不適合會造成蛀牙的細菌生長。吃完東西，口水也不會變酸，所以無須像人一樣照三餐刷牙。

　　那是不是就不用刷牙啦？

　　當然不是，特別是常吃罐頭或人類食物的貓咪一定要常刷牙。軟的食物容易附著在牙齒上面。剛開始會堆積成牙斑（Tartar）。如果不處理，會令牙齒更容易附著食物而形成牙結石。牙結石如果靠近牙肉，就會令牙肉發炎而引起牙周病。慢性牙周病會令牙肉萎縮，慢慢造成牙根暴露、牙齒鬆動，這時再想要救那隻牙，就已經太遲了。

人可以裝假牙，貓咪除了拔牙，沒有第二條路可以選擇。因為牙齒鬆動的時候，貓咪會感覺到痛，就不會用那顆牙齒咀嚼，所以多半吃東西都會用吞的，反而容易消化不良。而且很多牙痛的貓咪會用手撥嘴， 痛到邊吃乾飼料邊流口水或流血，這時應該要將鬆動的牙徹底拔除，讓貓咪可以用牙骨吃乾飼料，無須泡水吃軟飼料。很多拔光牙齒的貓咪吃乾飼料也能吃得很開心。

當然最好是不要走到這一步，但與其整口爛牙，又口臭，又只能吞貓飼料，不如拔得乾淨清爽些，改用牙骨咬乾飼料比較好。

牙周病除了牙齒鬆動外就沒其他問題了，所以高齡的貓咪就可以不處理啦？

當然不是。有些老貓因為牙齦發炎而導致眼睛下方產生牙根膿腫，會突然腫得很大，裡面全是膿水。如果不處理會爆開，之後那顆爛牙仍會不斷化膿發腫。如果上犬齒牙齦發炎，會造成單邊流鼻血、打噴嚏等情況，因為犬齒的牙根離鼻腔很近。另外由於牙肉裡微血管豐富，牙結石裡面的細菌就會不斷經由微血管進入體內，容易造成心臟瓣膜感染及退化。腎臟也會因為長期要處理過濾血液裡的細菌而提早退化。除此之外，一如前述，貓咪因為牙痛而不肯咀嚼乾飼料，容易因為消化不良而造成嘔吐及下痢，所以不要以為牙齒只是牙齒，口臭只是口臭。**通常貓咪有口臭就是牙根開始爛了。**有深層的感染，才容易有臭味，千萬要注意！

那如何幫貓咪刷牙呢？貓咪的攻擊武器很多，可以出拳、出腳或出嘴都行，因此幫貓咪刷牙的難度頗高，要刷到裡面更是不可能。最簡單的方法是建議在飼料裡面加一、兩粒潔齒處方貓飼料，逼貓咪一定要用力咬，以磨走牙齒內外的牙結石。

獸醫院大多有賣潔齒處方貓飼料，但這些潔齒處方飼料通常比

較好吃、容易造成肥胖，因此建議一天餵食一至兩粒就好！特別是目前很多飼主喜歡給貓咪吃生肉貓飼料，如果不刷牙，堆積牙結石的速度會非常快。要知道，野外的貓是吃生肉沒錯，但牠們吃小動物的肉的同時，也會咬骨頭而達到潔齒的作用。目前的生肉貓飼料是沒有添加骨頭的，也因此建議，貓咪如果吃生肉飼料更加應該定期刷牙！

真的想幫貓咪刷牙，可以用腳夾住貓咪之後，再用紗布或任何粗糙的布包住手指來摩擦牙齒外側；至於內側，只能聽天由命了！不過，由於貓咪舌頭上有許多倒勾可以磨走牙齒內部的牙結石，因此貓咪牙齒內側通常不會太髒！

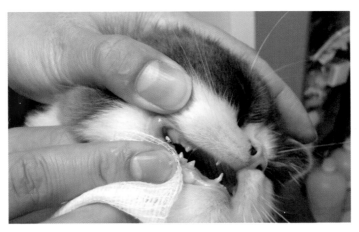

幫貓咪刷牙，掃瞄 QR code 可以參考影片教學
影片網址：
https://www.youtube.com/watch?v=kFuJUxPdSHE

貓咪飼養 Q&A

　　這裡整理出網路上飼主時常詢問的相關問題給讀者做參考。由於每一種疾病與貓咪健康狀態各有不同，因此當發現愛貓出現疾病徵兆時，請務必先送至動物醫院做檢查治療。

Q 請問我的貓咪兩歲多，已看過兩、三位醫生，也說牠免疫力出現問題，導致牙肉發炎，口很臭及牙齦流血，要拔掉所有牙齒才有機會好轉！但也不一定完全會痊癒，只有七成左右！貓咪年紀那麼小，不想牠沒有牙齒啊！現在每個月打類固醇針，但又有很多副作用，有藥可醫嗎？

A 貓咪有天生的免疫系統問題，自己的免疫系統會攻擊自己的牙根。所有牙齒不論乾不乾淨，都會同時被攻擊。當然不乾淨的牙齒也會因為感染變得更嚴重。然而不是所有的貓牙周病都是這個問題。如果真的全部牙齒都受到攻擊，的確應該全部拔光，以免再刺激免疫系統。如果仍有紅腫，可以吃高劑量類固醇來控制。吃兩、三個月後，可以慢慢降低劑量，有時候免疫系統就會完全忘掉要攻擊牙齒。但不拔牙，就可能要長期吃免疫抑制劑了。

Q 古醫生，有隻街貓的兩面嘴角流了一些很稠的口水出來，牠應該不是身體內部有毛病，因為牠吃東西OK，也不瘦。我打開牠的口腔檢查，臼齒位置的牙齒全都是深紅色。是否需要洗牙？除了洗牙外，有什麼可以幫到牠？

A 牙齒呈紅色通常是長期牙肉出血染色，不代表牙齒真的是紅色。如果捉得到牠，可以帶來麻醉檢查、洗牙。如果有需要拔牙，也可以一次處理。

古醫師，真好，有這樣一個管道帶給我們知識及安心。想請教一個病況，是貓咪口腔發炎。獸醫說是自身免疫系統出現問題，攻擊自己，導致口腔長期發炎。辦法是拔掉全部牙齒或後排牙齒，但也未必能完全康復，要視貓咪狀況。因家中貓咪都有此病，但情況各不相同，因此想多了解這病的起因及治療方法。前年其中一隻更因拔牙手術後不幸離去，所以我真的很怕我其他貓咪又發現此病。另外，不知這悲劇是醫療問題？還是貓咪本身神經問題？因最後是轉介到其他專科醫院，最終卻得到這種結果，很心痛！

 獸醫不是神，也會有不少診斷不出來的問題。如果拔乾淨，不能說一定不會復發，但復發的機會不高。不過，還沒聽過拔牙死亡的例子。你確定死亡與拔牙手術有關嗎？話說回來，還真有不少獸醫不太會拔牙！牙根拔不乾淨，只將外面斷掉的部分拔掉，導致就算全部拔完，還是會有紅腫。

免疫系統造成的問題，會使全部的牙齒都紅腫，不論乾淨不乾淨都會紅腫，門牙包括在內！如果只有後面，或上面紅腫，就絕對不是自身免疫系統出問題，不用全拔。只需洗乾淨，用消炎藥就會好。全拔，我沒試過有什麼問題的。拔後，通常都不用再吃類固醇等降低免疫系統的藥。然而若拔不乾淨，免疫系統一見到牙根，就還是會攻擊！

 想請教如果刷牙時，牠牙齦流血，正不正常？

 有牙周病或多或少都會流一點血，因為牙肉內微血管豐富。但如果流太多血，就不正常了。可能有凝血障礙！

 我的貓有顆牙齒搖搖欲墜，不過還肯進食，這樣還有需要拔牙嗎？還是等它自動脫落？

有機會自己脫落，但通常你見到一顆牙鬆，後面可能還有好多顆也鬆了。如果是後面的牙，因為牙根比較多，很難自己脫落，會建議拔除。如果是前面犬齒或門牙，有可能寵物會自己甩脫。

Q 醫生想請教一下，整天聽人說去洗牙，結果被拔掉十幾顆牙。這種情況究竟是牙真的太差？還是洗牙過程有機會令牙齒脫落？

A 很多時候牙結石太嚴重，普通檢查無法確定牙周病的情況，但當洗走牙結石之後，會看到牙齒鬆動或牙根外露。這個情況下如果不拔牙，那顆牙仍會很快造成嚴重的牙周病及痛苦，所以就會建議拔掉。我也試過本來是要來洗牙，但最後拔牙多過洗牙的，但我一定會拍片，證明所有拔的牙本身已經鬆動，留著也沒有意義才會拔！

Q 我發現我的貓左邊上面的那顆牙是向前生，不是向下生，這樣有沒有問題？牠的生活一切正常，會不會是撞到什麼東西？因為牠喜歡在屋裡到處亂跑。該不該帶牠去看醫生？我有試過壓壓牠的牙肉、牠沒有反抗，所以應該不痛。牠是十個月大的公貓。麻煩給個解答，Thank！

A 應該還是乳牙，真正地犬齒想要出來，所以頂到乳牙，造成歪斜。可能要拔掉乳牙，讓成貓牙出來。如果沒有擠到肉，可以不理。犬齒只是用來殺死獵物及撕開生肉用的。如果要拔掉，需要麻醉，通常可同結紮一起處理。

怎麼徹底洗耳？

　　我曾經做了幾個寵物耳朵裡面膿水的細菌培養，都發現有這種可怕的多重抗藥性綠膿桿菌出現！報告上（見下圖）出現諸多抗生素，而這種細菌不是對這些抗生素完全抗藥（R＝Resistant），就是部分抗藥（I）。只對其中五種沒有抗藥性（S）。換言之，這個細菌基本上對大部分獸醫常用的抗生素都已經產生抗藥性了，只剩下一些很舊，很少用的抗生素仍然有效。這情況實在讓人擔心！

Result : Moderate growth of Coagulase-negative Staphylococcus (MRS).

	CNS		CNS
Cefoxitin (MRS) Screen	POS	Enrofloxacin	I
Inducible Clindamycin Resistance	NEG	Erythromycin	R
Amoxi/Clav (Augmentin)	R	Fusidic Acid	I
Ampicillin	R	Gentamicin	S
Amp/Sulbactam	R	Imipenem	R
Azithromycin	R	Kanamycin	R
Cefovecin	R	Marbofloxacin	I
Cefpirome	R	Mupirocin	I
Ceftazidime	R	Nitrofurantoin	S
Ceftibuten	R	Norfloxacin	I
Ceftiofur	R	Oxacillin	R
Ceftriaxone	R	Penicillin	R
Cephalexin	R	Rifampicin	R
Chloramphenicol	S	Tetracycline	R
Ciprofloxacin	I	Tobramycin	S
Clindamycin	R	Trimeth/Sulfameth	S
Doxycycline (Vibramycin)	R	Vancomycin	S

耳內膿水的細菌培養報告

　　我個人不是太介意飼主使用未用完的耳藥水或去寵物店買耳藥水，但法律上是禁止寵物店販售含有抗生素的耳藥水的。雖然很多寵物店都照常賣，但飼主用的時候請注意：**請於洗完耳朵後使用，每天都要用，連續用一至兩星期不可停！**千萬不要今天耳朵有點臭，有點紅，就滴一下。明天沒紅，就不滴。這是增加細菌抗藥性的主要原因！也不要滴超過兩個星期。

如果超過一個星期都沒有好轉，請務必儘快給醫生檢查，不要再自己亂滴啦！

　　貓狗的耳部結構和人類不同。牠們有垂直耳道，所以耳道整體呈L型。也就是因為中間有個90度的轉角，所以不建議用棉花棒往裡面擦，我看過很多寵物因為擦傷了轉角的耳道而造成細菌感染的案例。

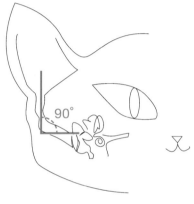

呈L字型的耳道

　　另外這也是耳溫槍不適用於動物的原因，動物的垂直耳道仍然屬於身體外部，因此耳溫槍無法像探測人耳一樣探測到橫向耳道最深處的中心溫度。因此獸醫才必須測量肛溫，並不是我們科技落後啦！

　　既然耳道呈90度，怎麼才洗得乾淨呢？

　　很簡單。買一瓶水性的洗耳液，把寵物的外耳殼拉直拉緊，把洗耳液倒進耳洞到滿出來為止。這時一定要抓緊耳朵，不然寵物會很大力地甩頭。你一不小心就會滿臉都是洗耳液了！

　　當洗耳液滿出來的時候，用手指沿著耳殼軟骨往深處按摩，可以按到多深就按多深，如果感覺手指按摩到一個軟骨管，同時會出現水流聲，就代表按對了！按摩15秒鐘之後，再塞個棉花球在附

近，特別是如果你不想要整個屋子都是耳垢的話。最後讓寵物自己把水甩出來，接著抹乾耳朵附近的髒東西和毛就大功告成了！但如果棉花球很髒，代表仍有很多髒東西在耳道裡面，建議多洗幾次，直到棉花球乾淨為止！

水性的洗耳液很多，不過我們診所用的 Triz-edta 很神奇。之前有幾隻貓咪曾有過多重抗藥性細菌感染，光靠洗耳液就解決掉耳朵的問題，連抗生素都沒用！可見正確的洗耳朵方法及洗耳液比任何抗生素都有效！因為耳朵裡面本身就溫暖潮濕，一定有細菌及酵母菌等微生物，所以保持耳朵裡面的酸鹼度，不要讓細菌或酵母菌失去平衡才是治療的重點。

很多貓咪耳垢很多，清都清不乾淨。如果貓咪耳部整天搔癢，則很有可能是耳疥蟲感染，這時無論怎麼洗耳，過一至兩天仍然會有大量的黑色汙垢堆積。如果不確定，請盡快看醫生，讓醫生看看耳道裡面是否有蟲蟲正在開 Party。如果有，則應該滴殺蟲的耳藥水，而不是普通的抗生素囉！

不過要留意的是，有時候耳毛長的貓咪，如美國捲耳貓的耳垢會比一般貓咪多很多。這類貓咪如果沒有每個星期正確地洗耳兩、三次，會很快有很多咖啡色的汙垢產生。這並不是耳疥蟲，貓咪通常也不會很癢，只需要正確的清洗就可以了！

很多人醫常常歸咎抗藥性給獸醫，因為像是綠膿桿菌這種細菌是人畜共通的。如果你被貓的膿水弄進了眼、耳、鼻、喉，也可能會感染到嚴重的發炎。所以希望大家做個負責任的飼主，保護動物，也保護自己，不要亂到寵物店配耳藥、眼藥。醫生若開藥，請遵照指示連續使用，不要任意用用停停。一旦藥水開了超過一個月，請不要再用！這樣多重抗藥性細菌就不會再猖狂啦！

貓咪飼養 Q&A

　　這裡整理出網路上飼主時常詢問的相關問題給讀者做參考。由於每一種疾病與貓咪健康狀態各有不同，因此當發現愛貓出現疾病徵兆時，請務必先送至動物醫院做檢查治療。

Q 古醫生，我每星期都將洗耳油滴在化妝棉上，給叮叮、悅悅抹耳殼，抹耳孔（我手指可伸到處）。用過後的化妝棉一向都很乾淨，請問這是否代表裡面都很乾淨？

A 如果只用化妝棉插入耳道的話，僅洗得到垂直耳道的外部，是洗不乾淨整個耳道的！而且如果你的洗耳液是油性，貓咪甩頭很難甩得出來，也不建議倒進去！
抗生素療程通常一個星期就 ok，再配合正確洗耳的方法。因此建議在一個星期療程後複診，確認是否治癒。若抗生素使用超過兩個星期都還沒好，就一定有問題了！

Q 古醫生你好，我有個問題想請教你的專業意見。家中的小貓（約一個月大，雄性）在九月初時我發覺牠的頭總是側在右邊，而上星期又突然好了，但這星期牠的頭又側回去。可是小貓能走、能跑、能吃、能玩、能叫，而頭也能往左邊轉，沒什麼特別異樣。自己也有輕輕摸一下牠的頸子，再跟另一隻小貓對比，也沒發現有什麼特別異樣。發生這個情況我應該怎樣做？謝謝古醫生的解答。

A 通常是短暫的中耳炎。記得定期清潔耳朵，特別是右耳。如果貓咪再次側頭，請注意貓咪眼球是否有跳動，以判斷是腦部神經問題或中耳問題。

Q 古醫師您好，我是妹豬，是一隻貓女，出生後我一直流浪，幸好在三個月大的時候遇上我的飼主。我平時不怕狗吠，不怕風吹，不怕打雷，好像聽不到任何東西。我不知道這是先天，還是流浪時被細菌感染。在我做結紮手術時，那位醫生用聲音去測試我的反應，他也判斷我可能是失聰，但沒有再作進一步檢查，因為他說那裡沒有這方面的儀器做診斷。想請教一下，我還有機會醫好我的聽覺嗎？感謝您^^。

A 測試是否失聰其實很簡單，不需什麼儀器。在貓咪後方大力拍手，就算貓咪懶得回頭，牠的耳朵也會動一下或往後。如果沒有這個動作，就是失聰。不過貓咪最重要的是嗅覺及視覺。失聰的貓也可以活得很開心，無須擔心！

Q 請問貓咪嚴重側頭，醫療費需要多少？

A 可以很貴，像是照MRI、抽腦脊髓液。也可以很便宜，像是中耳炎。完全要看側頭的原因而定。

Q 古醫生，再請問貓耳朵只有油光，看不到有黑色汙垢，但今天看見牠抓耳朵後面，是否裡面太髒或是有蟲？

A 可能是跳蚤或耳蟲。

🐾 骨折

　　一年前，我的手機接到某位心急主人發來的急訊。有隻貓咪為情所困，突然決定跳樓去尋找真愛。主人下樓找到痛苦的貓咪，急急忙忙去某間知名的 24 小時診所看診。

　　一照 X 光，盆骨粉碎性骨折，多處斷裂，髖關節剛好斷裂在關節位，感覺不太樂觀。診所對手術的開價是兩萬港幣。我剛開始看到 X 光時也覺得可能要做手術，畢竟斷裂在關節位，可能會影響日後行走。不過由於貓咪年紀小，復原力強，加上貓咪通常輕盈，骨骼需承受的重力不大。經過跟專業骨科醫生商量的結果，認為只要不影響貓咪排便，應該可以不用做手術。

　　一年後，貓咪胃口、精神都極佳，排便正常，可以飛上飛下，骨盆也已經完全自行癒合。也有飼主很好奇，股骨或盤骨骨折，不怕出血或失血過多嗎？**當時 X 光並沒有發現有內出血的情形。其實這隻貓肋骨也斷了一根，不過沒有插到肺，所以算很幸運。**

　　骨折是否一定要做手術？

　　我有很多病例是不用做手術的。最近看到有心急的主人在貓咪輕微骨裂，尚無移位的情況下，就急急忙忙安排開刀、裝骨板、上螺絲。由於位置靠近關節，裝板、上螺絲的結果是日後容易有退化性關節炎。在骨頭沒有移位的情況下可以考慮先固定後包紮觀察。一般飼主或義工帶著生病或急症的寵物到獸醫院，除了自己曾經碰到過的病症之外，很難知道醫生建議的治療方法是否有效。

　　在此只是想提醒主人，緊張歸緊張，但不是什麼疾病都是一定要馬上開刀的。當然內出血或開放性骨折例外，因為有機會感染。如果沒有傷口，先多問幾位獸醫的意見，再做決定也不遲！

循環及呼吸系統篇

 心臟病如何控制？

　　心臟，是一個全肌肉組織，主要功能是個幫浦，將血液打入肺裡面交換氧氣之後，再打回全身血液循環。因此所有血液都是往一個方向走，不能走回頭路！但心臟收縮的時候如何阻止血液往回流呢？很簡單，每個地方都有防水瓣膜會在心臟收縮的時候關閉，阻止血液回流。

　　年紀大了之後，由於瓣膜退化，纖維化破損，所以容易導致心臟收縮的時候有血液回流，產生亂流，這就是我們獸醫聽心臟時聽到的心雜音。

　　心雜音基本上有六級，不過級數完全是看醫生的聽力及想像力有多好而定。第六級是聽筒根本不用貼住胸腔都聽得到。第五級是手指放在胸前，已經可以感覺到亂流導致的震顫。大部分來看的動物都是三到四級。一到二級基本上是想像力很好的醫生才聽得到，我將其歸類為幻聽，呵呵！

　　雖然理論上，級數越高代表心臟病越嚴重，但有時候三、四級

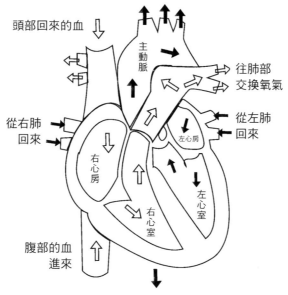

主動脈送往頭部的血

頭部回來的血

主動脈

往肺部
交換氧氣

從右肺
回來

左心房

從左肺
回來

右心房

左心室

右心室

腹部的血
進來

主動脈輸出到全身的血液

　左右的級數很難講。即使只是瓣膜破了一個小小的洞，造成的雜音也可能會很澎湃洶湧。所以這時就要用心臟超音波及X光輔助了！

　　X光無法看到心臟裡面發生了什麼事，但可以看到心臟有無變大，有無因為血液倒流塞車而造成的肺水腫、肺積水及氣管有無其他問題。超音波因為穿透不了空氣，所以無法看到肺部或氣管，卻能看到心臟裡面血液倒流的情況與嚴重性，以及心臟肌肉厚度和收縮力。

　　心電圖基本上我覺得沒有太多作用，除非偵測到心跳很不規律或特別慢，一分鐘不到80下，那我就可能會建議做心電圖。不然心電圖對老化造成的心臟病來說是稍微沒有意義的一項診斷工具。

因為有幾款心臟藥都會針對心臟電流的鈣通道做調整，所以很多有服用心臟病藥物的病患做心電圖都會有奇怪的事情發生。曾經發生過根本沒有事的，因為誤診有心律不整，吃了Atenolol（Z型交感神經接受器阻斷劑）降低心跳，又吃放鬆血管的藥，結果一天內因為低血壓，昏倒三次。我要飼主停藥，兩天後就好了。

早期的心臟病如果沒有症狀，只有一、二級雜聲，我通常會做的醫療建議是禁鹽分，吃心臟處方飼料或不加鹽的鮮食。千萬不要因為膀胱結石開過刀，而長期吃泌尿處方飼料，因為鹽分很高，對心臟很不好。畢竟膀胱結石不會要命，但心臟病會！

如果有三、四級心臟病，但仍未有昏倒或嚴重咳嗽、咳水的症狀出現，我會開Enalepril or Fortekor 配合一點點協助利尿的Furosemide。這兩種藥都不是心臟藥，只是間接幫助心臟打血。

Fortekor可放鬆血管。當水管直徑大了，幫浦打血的工作就輕鬆了，也會減少血液倒流，因為出水口大了。Furosemide的工作是利尿，將身體多餘的水分排出，血液變少，心臟負擔也就相對變小了。

但千萬注意，如果有狂嘔吐或嚴重下痢的情況，千萬不能服用Furosemide。已經有過幾隻因此急性腎衰竭而死亡的案例。

如果有五到六級心臟病，就要再加Pimobendan （Vetmedin）及威而鋼（Sidenafil）。因為威而鋼現在已無專利，所以便宜很多。它對心臟相當好，可以更加放鬆心臟血管，增加血液循環。

其實剛剛開始研發威而鋼的時候，主要是當心臟藥研究。只是做人體實驗的時候，發現原來不但可以放鬆心臟血管，還可以放鬆私處的血管，因此這個副作用反而成為最重要的效果。不過在動物這一塊，我們主要還是用來治療心臟。Vetmedin也可以輕微放鬆

心臟血管，但最主要還是加強心臟收縮的強度，卻不會增加心臟負荷，非常好。不過要注意，新研究顯示，當瓣膜剛破損的時候，餵食 Vetmedin，反而可能因心臟收縮力增加，造成瓣膜損耗得更快。因此如果無循環不良、昏倒、肺積水等症狀的一至三級，其實不太建議餵食 Vetmedin，因為反而可能會加速瓣膜退化。

有心臟病的貓咪，心臟通常不會變大，而是肌肉變厚，需要超音波才看得到。其心臟病的成因通常若不是先天性的，就是有甲狀腺過高引發的賀爾蒙問題。貓的心臟藥完全不同。以前因為有些人會用飼料餵貓，導致貓咪牛磺酸不夠而心肌變薄，進而衰竭。幸好，現在大家都有這個認識了，所以貓咪心肌變薄的機會很少。換言之，如今貓咪罹患心臟病多半有其他原因。治標不如治本。本書之後會再討論貓咪甲狀腺的問題。

人心臟病不會好，可以換心、可以用人工瓣膜，但動物並沒有體外循環機可以用，所以心臟手術目前仍只在美國有例子。藥物可以減輕症狀、延長寵物性命及改善寵物的生活品質，但食物控制也非常重要。

曾經有個病例心臟病六級，靠藥物維持了一年。但有一次過新年，牠媽咪切臘腸的時候，不小心掉了一塊臘腸在地上，被搶來一口吞下，媽咪來不及搶回。臘腸鹽分極高，心臟排不了水分、鹽分，牠在那天晚上就這樣走了！

所以，千萬記得，**有心臟病的寵物不能吃有鹽分的食物！**

貓咪飼養 Q & A

　　這裡整理出網路上飼主時常詢問的相關問題給讀者做參考。由於每一種疾病與貓咪健康狀態各有不同，因此當發現愛貓出現疾病徵兆時，請務必先送至動物醫院做檢查治療。

Q 醫生，你好呀！我想請問貓咪為何會呼吸急促？是什麼問題？胖英短，十歲，18磅左右。整天都會這樣呼吸，但會走、會玩、會睡、會吃、會上廁所，沒瘦過。麻煩你了，謝謝！

A 有可能有心臟病，或只是鼻孔太小。快點先減肥啦！貓咪若得心臟病，沒有太多可以做的。如果睡覺一分鐘，呼吸超過25下，就可能需要做心臟超音波了。

Q 真的是肥嘟嘟！剛才數了一下，一分鐘呼吸大概是30下。

A 如果是熟睡，這樣的呼吸太快了，應該已經有心肺問題，建議照超音波。

Q 貓會不會得心絲蟲？

A 會。不過貓咪通常症狀不明顯，但也有可能會咳嗽像氣喘一樣。醫生容易誤診或忽略。

您好！請問貓需要吃心絲蟲的預防藥嗎？另外，有關抗藥性的說法是真實的嗎？如果是，是否預防也無效？

 目前只有美國南部有一些報告出現，其他國家及地區仍然沒有抗藥性的幼蟲出現，無須過分擔心。雖然曾有報告有貓咪被感染，不過真的很少見，可以不用吃藥。如果住家附近有很多流浪貓的話，可以考慮給妳的貓咪吃。

 醫生多謝你回覆貓咪心臟和腎衰竭問題！貓醫生說心肌厚度是7～8mm。血壓不高。但他說因為貓咪有心臟和腎衰竭問題就比較麻煩。只有利尿劑才能吃，怕牠沒呼吸！請問如果貓咪沒血壓高，那麼吃降血壓藥可以令心臟和腎好嗎？我現在唯有自行少給0.5ml利尿劑，希望能減輕對腎傷害！其實以我這隻貓來看，要打多少點滴才足夠呢？如果利尿劑吃你介紹的Atenolol或Fortekor或Norvasc，可以嗎？

 7～8mm在收縮時勉強算正常，放鬆時有這麼厚就不正常，不過都跟照超音波的角度有關。如果照斜了，心肌的切面厚度就會比垂直照的厚很多。

心肌厚不是問題，是心肌厚了以後，造成心室變狹小，血液無法充滿心室。所以重點其實是心臟放鬆時左心室的大小，才是造成肺積水的主要原因。如果因為心肌太厚而心室變得狹小，那就容易積水。但如果只是照斜了，覺得心肌厚了一些，但心室大小正常，根本無需理會。貓咪很少有心肌肥大問題，除非甲狀腺有問題。

腎臟不好更應該吃Fortekor來增加排毒量，同時也放鬆心血管，讓心臟打血容易些。有嚴重肺積水，才需要吃Furosemide。肺積水要靠X光來看。

Q 醫生，謝謝你詳細的分析每個藥的必要性及作用！看過你在留言板對心臟病的說明之後，我發現醫生您針對心臟病會開Fortekor（Benazepril）這種藥，而不是Enalapril。我知道它們都是ACEI阻斷劑。不曉得這兩種藥，那一種藥會比較好呢？我的醫生告訴我Enalapril是第一線藥，那Benazepril是第二線嗎？而以心臟病第三級來說（分類四級當中的第三級，也就是目前症狀只有咳嗽，不運動也咳），X光顯示心臟腫大壓迫到氣管／肺，有水腫／肝有腫大，究竟是開那一種ACEI阻斷劑比較好？最後，若要您針對我的來開藥（除上述症狀外，無其他問題，未做血檢，但食慾及活動力都很好），您會如何開呢？是否會除去威而鋼及dipyridamole？爬網路文，發現後者好像是心臟藥的健素糖，可有可無。

A Benazepril一天一次比較方便；Enalepril一天兩次，但其實是差不多的成分，沒有誰比較好啦！Enalepril比較便宜，Benazepril比較貴，但兩次加起來，其實差不多。威而鋼只有在Pimobendan和Enalepril及利尿不行時才會加。另外可能會加一些些Aminophyline或Theophylline來降低氣管過敏，以及擴張氣管的藥來幫助降低咳嗽反射。

Q 醫生，我的貓咪被診斷出有心肌肥大的問題，需要吃Frusemide。請問Frusemide會影響腎臟嗎？

A 最近很多貓咪都被診斷出有心肌肥大的問題，其實貓咪有這種問題的機會不大。獸醫有告訴你超音波顯示貓咪左心房的肌肉厚度為多少？放鬆時有多大空間？吃Frusemide一定會影響腎臟排毒，這不用說的，只是不確定他用的藥水濃度為多少，但建議不要超過2mg/kg，不然會更傷腎臟病貓的腎。十八歲還有8.1磅，太胖了！減肥對心臟、腎臟都有幫助。如果心肌肥大，要吃Atenolol及降低心跳及血壓的藥。Frusemide反而只是治標的藥。只要貓咪不是病得很嚴重，可以不用吃！

醫生，多謝你回覆！但你說利尿劑不能超過2mg/kg，那麼我這隻貓每日打100ml點滴（水加了鉀），又有3.7kg重，而每日吃0.7ml利尿劑，利尿劑濃度是「每ml含Frusemide：10mg」，太多了嗎？其實之前我問過貓醫生是否可以餵食Fortekor，因為在網上看到這種藥對心臟和腎都好。但貓醫生說這種藥對缺乏蛋白質才有用，我的貓不需要，如果吃了反而可能會加重腎衰竭，所以不建議我餵貓吃！貓醫生說我這隻貓的腎指數高到可能已經負荷不了！我好擔心！不知是否繼續給利尿劑，還是停止。停了又怕貓心臟變糟，又肺水腫！繼續又怕腎衰竭嚴重！真是找不到不傷心臟，又不傷腎的藥嗎？

0.7ml x 10mg/ml = 7mg。對於3.7kg的貓來說差不多就是2mg/kg Frusemide，對貓咪的心肌肥大治標不治本。如果真的心肌肥大，要確認有沒有高血壓。正常來說，要吃Atenolol同 Fortekor +/- Diltiazem or Norvasc 來控制心跳及血壓。但這個醫生又沒有講心肌厚度多少公分，左心室放鬆時有多大，所以完全不明白。Fortekor是放鬆腎臟血管，增加腎臟血流，因此也增強排毒，跟蛋白質有什麼關係啊？你的貓咪目前腎臟尿毒甚高，建議增強排毒，對心臟、腎臟都有好處！

怎麼對付棘手的貧血問題？

　　飼主在網路上關於貓咪健康的發問數很多，其中處理過最棘手的是幾隻貧血的貓咪，因此我們來討論一下貧血這個大主題，讓大家有基本的認識。

1. 貧血的症狀

　　首先，討論一下貓咪貧血的症狀。

　　當貓咪貧血的時候，平常紅潤的嘴唇、牙肉和眼結膜都會變得異常的蒼白。再嚴重點，連舌頭都會蒼白。當然如果有心臟病末期的患者也會有上述症狀，這是因為心臟輸血不良而導致的血管收縮，並非貧血！

　　貧血的貓咪會比較沒有活力，吃飯沒胃口。如果有急性貧血，這些症狀會明顯一些。如果是慢性的話，要等到貧血變得非常嚴重以後，才會看得到一些症狀，這主要是因為貓咪的身體有足夠時間去適應慢性貧血的問題，所以症狀比急性貧血還不明顯。

　　急性貧血大多是血溶性貧血，過多地紅血球被破壞掉，使得裡面的血紅素漏出來。可能會有些許黃疸或尿尿很黃甚至變成橘色的症狀，這都是急性血溶性貧血的症狀！

2. 貧血的成因

　　貧血就是紅血球不足。

　　基本上有兩種可能：一種是紅血球過度地流失或遭到破壞；另一種是骨髓製造紅血球不足。通常貧血的成因都是前者。後者多半是骨髓癌症或淋巴癌造成的嚴重急性貧血、慢性心臟病或腎臟造成

的輕微貧血。

紅血球過度地流失除了外傷，還有可能就是體內有腫瘤破裂而不斷內出血。如果剛做完手術，也有可能是手術時綁血管的線鬆脫了，造成急性內出血！如果是腫瘤破裂的話會造成慢性內出血而有腹水的現象，肚子會大起來，而且蓬蓬的，獸醫抽出來的體液會都是血！這種情形必須得動開腹手術割腫瘤。

另外血球過度流失，在幼貓來說有可能是跳蚤、壁蝨（香港稱為牛蜱）或腸胃裡的鉤蟲寄生蟲感染。這些寄生蟲數量多的時候，也會造成貓咪貧血！所以預防跳蚤和壁蝨以及定期吃殺蟲藥，對於未滿一歲的幼貓相當重要。當然成犬和成貓也應該要做這些預防，但因此貧血的機會比較小一些。

壁蝨

至於血球的破壞又可以分為兩種：一種是免疫系統的破壞；另一種是中毒性的紅血球破裂。貓咪吃到洋蔥、蒜頭或普拿疼的時候，這些東西會導致紅血球的細胞膜變得脆弱而易破裂，進而導致漢氏小體貧血（Heinz body Anaemia）。通常顯微鏡下是可以看得出來的。這些中毒的貓咪可能得吃一些特別的抗氧化劑和解毒劑來防止血球繼續變得脆弱！

至於免疫系統的破壞，其實是最常見的，特別是如果有急性溶血性貧血的話。在顯微鏡下，免疫系統的貧血會造成血球像被咬一口的蘋果一樣的造型（Acanthocytes），或整個紅血球被啃光的超迷你紅血球（Spherocytes）。

所以如果仔細檢查血球造型，就可以分辨出是中毒或是免疫系統遭到攻擊了。

但免疫系統的破壞又可以分為兩種：一種是自身免疫系統突然起肖，開始校園大屠殺，攻擊自己的紅血球。另外一種比較平常，是有血液寄生蟲躲在紅血球裡面。免疫系統偵測到這些寄生蟲，但從血球外面又殺不死牠們，只好一不做二不休，連紅血球一起做掉而導致的溶血性貧血。

　　這兩種情形都可以用免疫抑制劑，例如類固醇之類的暫時控制病情。但如果有血液寄生蟲的話，濫用免疫抑制劑反而會造成這些寄生蟲肆無忌憚地繁殖，變本加厲。另外有些醫生會建議割脾臟。這萬萬不可，因為脾臟似乎百無是處，但它可是回收血紅素及監控血液寄生蟲的地方。割掉了雖然能讓寄生蟲少了躲藏的地方，但好像少了警察局一樣，寄生蟲只會更猖狂！

　　貓咪也可能有艾利希體，但比較常有的是血液巴爾通體感染（Mycoplasma haemofelis），這個可能也得驗血液DNA/PCR（聚合酶鏈式反應）才能確診！一但確診後，其實吃一陣子的強力抗生素加免疫抑制劑，通常貓很快就好轉了，並不一定要輸血！

　　如排除了上述的血液寄生蟲的話，但還是有溶血性貧血，則很有可能是免疫系統心情不好，開始瘋狂掃射紅血球。如有這種情形，只能吃一段時間的免疫抑制劑，看看什麼時候免疫系統才會忘記殺自己家中紅血球的嗜好！

　　如果是慢性貧血，血球沒有再生（Reticulocyte <4%），那就得做骨髓穿刺化驗，看看是否得了骨髓癌或淋巴癌，以至於骨髓都被癌症細胞佔據，製造紅血球的骨髓沒有地方住。這種疾病在人的話只要換骨髓就好。但如果貓咪得了，很不幸地，可以試試看化療，但期望可能別放太高。

　　最後如有慢性的疾病如心臟病、腎臟病或腫瘤都會導致貧血，

但這類貧血通常只是輕微的（PCV/HCT/Haematocrit大於18%）。當然營養不足也會導致貧血，但都什麼時代了，還有人會讓貓咪餓著嗎？應該不會吧？！

無論如何，貧血的話一定要找出原因，對症治療。千萬不能隨意診斷，更不要隨便輸血！通常血球壓量（PCV/HCT/Haematocrit）小於10%才有可能需要輸血，但從外部輸進來的血對於身體來說就等於是侵犯自己家的外星生物，只會讓免疫系統更火大，破壞得更快。所以這些輸來的血通常不到一個星期已經被破壞的差不多了，真的只能救急而已，儘快找出原因治本才是王道啊！

濫用類固醇或其他免疫抑制劑的醫生一定要抵制，因為這樣很可能造成血液寄生蟲的氾濫，導致不可挽回的錯誤！一定要先確認沒有血液寄生蟲才能使用喔！

3.關於輸血

很多獸醫都很喜歡輸血，因為利潤高。配對血型可以賺錢、輸血可以賺錢，之後驗血還可以賺錢，而且馬上看得到效果。

但是，這基本上跟吃類固醇是一樣的道理。表面看起來是好了，但裡面可能會更糟了！

當然有些情況下我也會建議輸血，例如像被車撞到，導致脾臟破裂內出血、手術後醫生血管沒綁好造成內出血、外部大量出血無法止血的情況。此外，PCV/HCT少於10%，而化驗報告又還沒出來時，我也不反對輸一次血。其他情況則一概不建議輸血！

為何呢？人基本血型分四、五種，貓咪雖然只有兩、三種，但**貓咪對外來血球的免疫反應卻大得恐怖。**

沒有配對過的貓咪血溶得很快，還會產生劇烈的免疫系統反

應，所以幫貓咪輸血一定要小心！

　　就算是相容的血型，輸進來的血球通常活不過三天，很快就會被貓咪本身的免疫系統破壞殆盡。所以輸血是救急，好給予醫生多一點時間，補救受損造成內出血的器官，或找出貧血的原因。如果需要再輸第二次血，就只能說這個醫生醫術可能不太高明，或主人做了無謂的要求。

　　因為第二次輸血時，貓咪的免疫系統已經認識了這個血球，而產生更大、更快的免疫反應，使得輸進來的血球、血小板等等，通常撐不過24個小時就全數陣亡。

　　很多有免疫系統貧血的貓咪也在輸血。要知道，這些貓咪會貧血，就是因為免疫系統對血球的過度破壞。如今再加了一堆外來的血球，刺激主人的免疫系統，這無疑等於在發狂的獅子臉上，多打了一巴掌，只會造成免疫系統更瘋狂、更徹底地破壞，也會令本來降低免疫系統的藥物變得好像沒用一樣。

　　此外，免疫造成的溶血性貧血，會讓紅血球破裂，以致裡面的血紅素到處遊走，增加身體排毒時的負擔。破裂的紅血球又會被回收站脾臟回收，所以這些貓咪都會脾臟腫大，最後血紅素會被肝臟處理製造成膽色素。

　　然而，當血紅素大量出現的時候，肝臟這個工廠也處理不來，就會造成黃疸，甚至肝指數飆高。如果這個時候，再送給這個系統一堆紅血球，還是很快就要爆掉的紅血球，不是明擺著要搞壞腎臟、肝臟嗎？這兩個器官為了處理自己破裂的紅血球，已經嚴重超時加班了，還要再送一堆爛血球進來，豈不是嫌身體器官吃飽了沒事幹！

　　香港大部分的獸醫院都是用Packed blood cells，也就是包裝

好冷凍的細胞。好處是可以放得比較久，但也代表血球比較不新鮮，所以會比新鮮血液更快就爆光。直接找輸血貓咪輸血也不見得比較好。要知道，輸血時不但輸進來對方的紅血球，也輸進來對方的白血球及其他免疫因子。這時不但主人會打客人的紅血球；客人的白血球及抗體也會對抗主人的紅血球，搞到嚴重時，兩敗俱傷。雖然最後當然是主人贏，但大戰結束後，只怕主人的紅血球數會跌得比沒輸血前還低！

有些傳統醫生甚至會建議割脾臟。脾臟為回收場，因此沒了脾臟，等於沒了能回收被破壞的紅血球的器官，表面上可以感覺到紅血球似乎沒有跌得這麼快。不過，同時脾臟裡的白血球也無法清除破裂紅血球內的寄生蟲，導致寄生蟲殺不光，隨時會復發。另外少了脾臟回收紅血球，腎臟過濾功能將更加重負荷，隨時都會變成腎衰竭。

多數貓咪中度貧血的原因都是年紀大，以及嚴重腎衰竭導致的貧血。腎臟會產生造血素EPO來刺激骨髓造血。當貓咪年紀大，腎臟萎縮退化時，產生的EPO下降，就會導致骨髓不太願意造血，而引發輕微或中度地貧血。如果這時貧血低過15%時，可以打人類的EPO來刺激骨髓造血。不過建議偶一為之，如果常打，有可能造成貓咪的免疫系統產生抗體來對抗這個外來的造血素。有時候也會誤打到自己的造血素而造成更加嚴重的貧血！輸血在這裡是完全沒有用也不需要的。

總而言之，輸血只是救急。依我本身經驗，很多貓咪嚴重貧血到HCT只剩8%，但只要確定貧血的原因，即時阻止血球再被破壞，通常貓的骨髓都能很快製造足夠的血球補回來，完全不需要仰賴輸血！

我實在看不慣很多獸醫院，在貓咪的HCT明明還有10％以上時，就慫恿焦急地飼主為其貓咪輸血，卻又完全不告知輸血可能會害了貓咪。

因此如果有朋友的動物需要輸血，請務必跟他們講清楚輸血的利與弊。請他們仔細衡量後，有必要才輸。不要讓心急的主人倉促下決定，反而害了自己的寶貝寵物！

4. 貓咪的血型與配對

貓咪的血型分為A、B及非常稀有的AB三種。幾乎所有貓咪天生都有對其他血型的抗體，因此貓咪輸血前必須配對。相對於狗狗第一次輸血可以不用配對，貓咪的確比較麻煩一些！不過大部分的貓咪都屬於A型，在美國幾乎99％的貓咪都是A型，但在亞洲及澳洲，有四分之一的貓咪屬於B型，因此在亞洲的貓咪在輸血前必須配對。AB型的貓咪輸任何血大概都沒問題，不過這類型的貓咪少之又少，幾乎不到1％。

所謂的配對其實跟古代的滴血認親差不多意思，不過結果是相反的。如果兩種血液相合則不會有凝結成塊的現象。反之，如果兩隻貓咪血液不合，則其中一隻貓咪的抗體會黏住對方的紅血球，造成血液變成一塊一塊的現象！這是最簡單的測試方法，當然現在也有快速血型測試可以確認貓咪血型，不過成本比較高。緊急情況時，滴血認親可能是最快的方法！

❤ 圖示貧血原因及處理方法

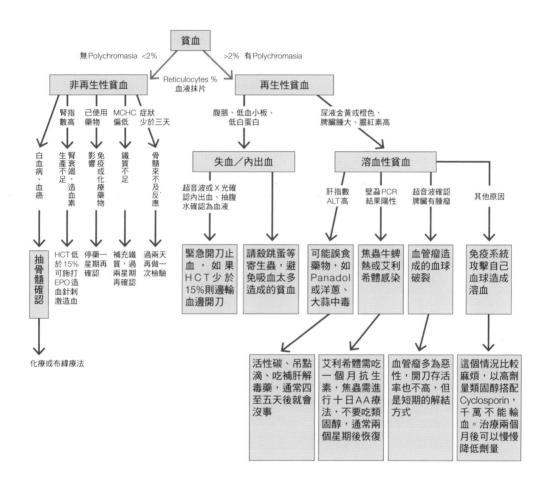

貓咪飼養Q&A

　　這裡整理出網路上飼主時常詢問的相關問題給讀者做參考。由於每一種疾病與貓咪健康狀態各有不同，因此當發現愛貓出現疾病徵兆時，請務必先送至動物醫院做檢查治療。

 古醫生你好！我家貓咪四個月大。三天前第一次發現小便失禁；兩天前貓咪睡覺的時候出現短暫呼吸困難，但很快恢復；昨天貓咪在睡覺時出現了休克，幾秒鐘後才恢復意識。

休克時，舌頭吐出變成紫色，並出現小便失禁。立刻帶到醫院後，醫生做了X光和驗血，發現牠尾巴根部腫大，應該是外傷導致的，白血球值偏高，於是開了止痛藥。這段時間裡，貓咪飲食正常，但開始時不肯排便。服用止痛藥之後，排便正常。今天帶到醫院復查，在醫生建議下，又做了一次驗血，結果醫生說紅血球數量劇減，有可能貧血，需要轉院治療。在醫院照顧牠的這一天裡並沒有餵食。下午六點驗的血。三天前貓咪後腿之間的腹部出現紅色，持續到今天，紅色消失了。昨天第一次驗血時，HCT值為36.36，今天驗血的結果醫院並沒有給我們，說是直接傳真到要轉的醫院去了。現在貓咪的飲食、排便都很正常，只是精神萎靡，大部分時間都在睡覺，而且睡覺時有時還會出現四肢和臉部的輕微抽搐，請問古醫師，貓咪具體是得了什麼病呢？感激不盡！！

我們給貓咪轉院了！醫生檢查發現牠胸腔有腫塊，肝腫大，有可能是Feline Leukemia（白血病）。他說之前做的檢驗顯示Negative（陰性）是因為貓咪還太小。但是他把貓咪留在醫院再做其他的檢驗。古醫生，我的貓咪真的是白血病嗎？

 FeLV（白血病）是年紀大會容易有的淋巴瘤。這麼小的貓，應該不會有啦！多半是FIP（貓傳染性腹膜炎）或腦部、肝臟問題。HCT 36%很正常啊！所以不太懂……

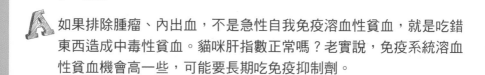

謝謝醫生！轉院之後醫生說貧血是誤診。新的醫生說X光片上顯示肝比較大，而且胸腔裡的器官有問題，雖然做測試都呈陰性，但是他說擠壓貓咪胸部的時候感覺很結實，所以可能是有東西在裡面。貓咪現在飲食什麼的還是很正常，就是睡覺的時候總是會抽搐，從爪子到臉。醫生說一個月之後去複查，再做一次FeLV的測試。我們這裡小地方，就這麼兩家醫院，感覺太不可靠了，每次去都換一種說法。

胸腔擠壓，這是什麼診斷方法？太費猜疑了！無論如何，如果是那份驗血報告，貧血是絕對沒有。四個月大的小貓，也沒有什麼機會胸腔長腫瘤。如果持續不吃東西，還是FIP（貓傳染性腹膜炎）機會最大！

醫生您好：我家貓三月二十三日突然食慾不振，不太想動。帶去看醫生，說是貧血。開了鐵劑，吃了沒起色。三月二十四日感覺更嚴重。再送去另外一家醫院做了檢查。檢查結果是；RBC1.99、HCT7.1%、HGB2.8、MCV35.7、MCH14.1、MCHC39.4、RDW21.5%、RETIC9.0、WBC9.78、NEU1.92、LYM5.96、MONO1.86、EOS0.02、BASO0.02、PLT54，嚴重貧血。已經先輸血急救了，在等進一步的血液檢驗報告。
想請問有可能是什麼原因貧血？好有個底，等報告一出來可以跟醫生談下一步，感恩！

如果排除腫瘤、內出血，不是急性自我免疫溶血性貧血，就是吃錯東西造成中毒性貧血。貓咪肝指數正常嗎？老實說，免疫系統溶血性貧血機會高一些，可能要長期吃免疫抑制劑。

醫師您好，檢查出來真的是自我免疫的問題，以後除了長期吃藥外，還有什麼應該注意的嗎？

如果吃藥能控制，就吃藥控制。隨時要注意牙肉血色，但有可能控制不住！

Q 醫生您好，想請教一下，我家的貓兒子於兩個多月前因嚴重貧血，經緊急輸血後救了回來。問過醫生是什麼原因造成的，醫生說是自體免疫系統攻擊自體的紅血球而造成的。最近發現牠的血色又變白了、沒精神，帶去給醫生檢查，結果跟上次的情形一樣，也開了補血藥、類固醇及打了造血針，不過還是沒有好轉的現象，不知道該如何是好！還是說要再輸血治療才行（畢竟真的很難找到捐血的貓……）。麻煩醫生能給個意見，感謝！

A 基本上貓很少有自體免疫性的溶血症，不是沒有，是很少很少，所以我們第一步應該要確定不是巴東蟲引起的，因為自體免疫溶血症會來得很急很快，通常不會拖兩個月，大多是停了藥的第二、第三天就又開始快速溶血才對，除非是巴東蟲引起的溶血。

所以第一步一定是要驗巴東蟲！如果不是巴東蟲，妳也要確認一下貓咪在家裡有沒有機會吃到過任何藥物或大蒜、洋蔥一類的東西。貓只要吃到一點點普拿疼或洋蔥、大蒜就會造成嚴重的溶血性貧血！其次，PCV/HCT 沒有掉到 8% 以下其實不用輸血。輸血只會增加免疫力排斥紅血球，因為這些紅血球是外來的，反而刺激免疫系統產生對抗紅血球的抗體，造成自我免疫性的溶血！而且輸來的血只能撐個一、兩天，根本沒有用。

貓咪輸血一定要驗血型，不然貓咪只會走得更快！所以諸多因素，我並不認為輸血有任何作用，只能救急，最重要的還是得找出真正的原因！不少獸醫很喜歡看到什麼貧血都說是自我免疫性的溶血性貧血，但事實上可能還有很多其他的原因，不對症下藥當然沒有用。

高劑量類固醇只對溶血性貧血有用，沒有用，代表根本不是這個問題或是貓咪已經產生抗藥性了。如果排除了其他可能性，骨髓性淋巴癌的機會還比較高一些。

若真是此病，也沒什麼可以做的了，除非妳願意貓咪做化療！輸血是無意義的，除非妳還在等待檢驗報告，而貓咪血球數又已經跌到 8% 以下，那做一次輸血救急是可以的。要輸到兩次以上，都是有問題！

總之先驗巴東蟲；沒有巴東蟲，再確認喵咪的血球是否還在跌。如

果還在跌的話，建議用高劑量類固醇，加上 Chlorambucil 雙管齊下，看看是否可以止住免疫系統的攻擊！

如果說你這兩個月都沒有給貓咪吃類固醇的話，貓咪應該早就又發病了，所以是免疫系統溶血性貧血的機會很低，你應該注意家裡是否有藥物或食物造成貓咪誤食，這可能才是真正的原因！

醫師，你好！我讀過你的貓貧血篇，可以請教嗎？

我長年餵食的流浪貓，因牙齦炎，不吃、不喝而送醫。檢查結果WBC/51.4、BUN/130、CREA/7.1。醫生說130是破表，也許更高，判定是慢性腎衰竭突發腎盂腎炎併發腹膜炎。住院十天後WBC/29.5、BUN/93、CREA/6.6，出院。醫生說十四歲的老貓腎衰竭治不好的，回去過舒服一點，能活幾天算幾天。結果牠在我家已經快五個月了，吃皇家腎處方乾飼料和雞肉罐頭，看起來還不錯。十月十一日去檢查：WBC/27.6。快五個月都沒什麼降，所以打一針消炎，但BUN/63、CREA/4.8，我很高興。三天後請牠吃一個魚罐頭，隔天就又不吃喝了。第三天也不尿了。檢查結果，前後才一星期，WBC/27.7、BUN/130、CREA/13.6，又破表了。住院靜脈點滴加抗生素七天，WBC/23.3、BUN/52、CREA/5.7。

醫生說牠一定有什麼發炎，就是找不到原因，也不能一直住下去。既然能吃、能喝、能尿，今天就出院了。我早已接受了牠的指數，但這次RBC也下降，尤其血小板降最多。這星期RBC/4.23 降到3.6，PLAT/555降到285，這算是極度貧血？還是因為點滴打太多？醫生有給 Amino Plus。我還可以要求醫生做什麼嗎？期盼你的意見及指教，謝謝！

臺灣指數的單位跟我們不同，所以有些地方我並不是很確切知道貓咪的指數究竟有多高。有嚴重牙周病的老貓WBC維持在27左右我並不會太介意。有腎臟病的貓不要亂打消炎針才是王道，特別是在沒有確定何處發炎或感染的時候！

腎臟會產生一個重要的賀爾蒙叫造血素（EPO）。很多運動員也會打這個賀爾蒙，作弊產生多一些紅血球。

當腎臟遭到嚴重破壞或慢性萎縮之後，EPO的生產就會下降，貓咪也就會變得有些貧血。

當然如果你的貓咪被注射了七天的點滴，也會造成血液稀釋，而有

假性貧血。目前看來你貓咪的紅血球指數尚未到誇張的地步，暫時不需要輸血。

建議妳兩個星期後再去驗一次紅血球。如果持續這麼低的話，其實有人類的EPO可以打。連續打四個星期，如果只是腎臟引起的貧血會有相當大的改善！

至於腎臟病的原因有很多，魚罐頭當然是大忌，因為裡面的鹽分太高，又有防腐劑，腎臟病貓千萬不能吃！當然也有可能是消炎藥或消炎針的問題，因為很多消炎藥都會傷腎。另外你應該也知道百合花和葡萄乾會造成急性腎衰竭，這些也要注意。

但說真的，最大的可能是慢性腎衰竭，加上吃了高鹽分的食物引起的！希望你的貓咪早日康復！

如何急救？（主人一定要會的CPR！）

　　貓咪屬於獵食者，獵食者一定要是強者，因此貓咪絕對不能在獵物面前顯露脆弱的一面，這也直接造成了貓咪會隱藏自己的不適直到最後一刻。因此很多貓咪會似乎很突然地呼吸困難或休克，但是事實上貓咪已經隱忍很久了。主人如果等到貓咪完全沒有呼吸、心跳，才抱去看醫生，很多時候已經太遲了！

　　所以記得，如果貓咪胃口、精神不佳，要早些看醫生，因為這很可能是重病的徵兆！

　　如果貓咪不幸沒有了呼吸，怎麼辦？邊衝去獸醫診所的同時，記得要邊幫貓咪做心肺按摩。

　　首先，將貓咪的手肘推向胸部。手肘尖端的位置就是心臟大概的位置。然後在這個位置上，用手向背部做搓揉的動作。

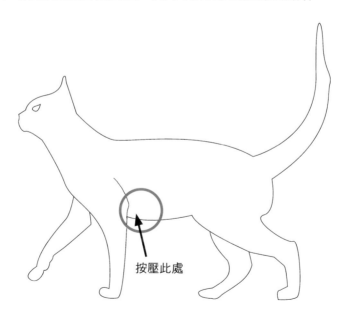

按壓此處

不過千萬要注意，貓咪的肋骨很細、很脆弱，所以絕對不可過分大力按，只能用輕柔快速搓揉。如果貓咪呼吸有水聲、有痰聲，可以倒吊貓咪，將手掌拱起，做捧水狀，來輕拍貓咪的胸、肺，讓肺積水早些排出，使貓咪的氣管、支氣管通暢無阻。

　　如果是扁鼻子的異國貓、波斯貓，則可能要將舌頭輕輕拉出，先確認呼吸道暢通後，再按摩會更好。如果看到貓咪的舌頭底下由嚇人的紫色慢慢轉變成粉紅色，那就代表做對了！

　　當然如果還是呼吸困難，舌頭顏色還是沒轉成漂亮的粉紅色，怎樣都還是要趕快送醫院，但在途中還是可以用手幫助按摩呼吸，這樣我們獸醫接手時，成功的機率才會高一些。

　　這些突然走掉的貓咪，大都是看似健康沒問題的貓咪。突然離開會讓很多飼主都無法接受，比久病纏身的貓咪走了還要缺少心裡準備。所以為了避免悲劇發生，請各位爸爸、媽媽要記得CPR的動作喔！不要讓小小意外變成遺憾！

免疫系統篇

 預防針究竟要打幾針啊？

　　關於預防針，很多人都有這個疑問，那就是究竟幼貓要打幾針？三針？兩針？還是一年一針就好？

　　這得先從預防針的基本認識介紹起！貓咪預防針不管三合一或五合一，最主要的，其實都只是預防貓瘟或俗稱貓感冒的兩個最常見的病毒。

　　預防針裡面有死去的病毒蛋白及減毒的細菌。這些東西配合一些免疫刺激藥劑打入動物身體裡面，就會刺激動物的免疫系統產生抗體來對抗這些特定的病毒或細菌！而下次在遇到這些真正的病毒或細菌的時候，免疫抗體就可以在還沒感染之前搞定它們。或就算真的感染了，免疫系統的記憶細胞也可以很快產生抗體，來消滅被感染的細胞，令貓咪快速康復！

　　三個月以前的幼貓因為斷奶沒超過兩個月，又因為貓媽媽的乳汁裡含有很多抗體，這些經由乳汁吸入的抗體又可以在幼貓身體裡面存活一至兩個月，所以如果幼貓在三個月以前打預防針，大部分

打進去的病毒或細菌可能都會被貓媽媽的抗體給消滅了，反而完全沒有刺激到幼貓自己的免疫系統去產生抗體。因此幼貓如果在四個月之前打第一針，我們獸醫基本上會認為是不一定有效的，之後打的第二針，才等於第一針。而第三針是加強劑，因為免疫系統如果只被刺激一次會很快就忘記，必須在三到五個星期的時候，再刺激一次，免疫系統才會產生能夠長期記憶的Ｔ細胞及抗體來保護貓咪！短於兩個星期或超過兩個月再打加強劑的話，記憶細胞相較下沒有這麼長壽。

四個月以上的貓咪如果沒打過針，就打兩針，中間隔一個月就可以了！之後，一樣是建議一年補一針，來刺激免疫系統記住這些病毒及細菌。澳洲有三年打一次的針，但其實價錢也一樣。既然貓咪一歲差不多等於人的七歲，七年去獸醫院順便做一次健康檢查也是應該的，因此我並不會特別建議去打三年一次的預防針！

幼貓在打完第三針之後就有保護了，但在打完第一、二針的時候還是非常脆弱，仍有很大的機會感染貓瘟，所以**在沒有打齊三支針的情況下，最好還是要跟家裡其他的貓咪隔離**。

貓咪的預防針基本上不能預防，只能減輕症狀！

由於寵物店的環境大多數為密閉空間，而且貓咪都擺在一起，因此很多貓買回來的時候，已經感染了貓瘟，也就是眼淚過多或眼屎過多，加上打哈啾、流鼻水等症狀。其中皰疹病毒是終身帶原的。貓咪免疫系統好的時候，這些病毒就會被控制；貓咪心情不好、免疫系統差的時候，就開始發病！也有些貓咪會長期有一隻眼的淚水過多的情形，這些都是病毒所引起的。打預防針可以減輕症狀，但無法完全預防！不過無論如何，打了針的貓咪症狀不會像流浪貓一樣強烈，還是建議定期作預防注射！

貓感冒需要打針、吃藥嗎？

貓瘟是由兩個病毒及一個細菌組成。細菌為披衣菌。披衣菌可以被抗生素控制，甚至殺死，不過很難完全清除。至於其餘的病毒，如疱疹病毒等將終身帶原，無法清除。然而只要貓咪免疫力好，就比較不會發作。

基本上九成九以上向寵物店或育種者買回來的貓都有其中一、兩種病毒或細菌，無法避免。因為病毒會經空氣傳染，所以不用太驚訝。不過正常來說，這些病毒不會殺死貓咪的！除非置之不理，那就可能會變成肺炎，或感染眼球，導致失明及眼球萎縮、壞死等。

此外，儘量隔離正在發病的貓咪，以免傳染病毒給其他貓咪。吃藥會好得快些，但最終還是需要靠貓咪自己的抵抗力來對抗病毒。沒有太多醫生可以做的。醫生開藥也多是治標，而非治本。

此外，人類的流感針是對付Influenza（流感）之類的濾過性病毒。貓咪雖然也叫感冒，但並不是由Influenza病毒造成的，是由疱疹及披衣菌造成的。因此貓咪的疫苗不會像人類流感疫苗等有較大的副作用，不過也有報告指出打針的部位可能容易造成腫瘤。只是目前大部分的研究都指出是打白血病預防針造成的，而非普通預防針。另外，狂犬病疫苗，也有可能在打針部位造成腫瘤。

補充一點，貓瘟或貓感冒裡面的疱疹病毒容易造成貓咪角膜潰瘍，但這個潰瘍通常很淺，因此貓咪的修補系統不會被激發，而變成慢性的角膜潰瘍。正常貓咪被抓傷或狗狗的角膜潰瘍通常一個星期就好了，但如果是因為疱疹病毒所引起的潰瘍，通常超過一至兩個月都好不了。

在這裡跟大家分享一個病例。

我有一隻可憐又可愛的貓咪病患就是曾經有過慢性的病毒性角膜潰瘍，拖了四個月，看了幾個醫生都沒有好，眼藥水和眼藥膏滴到手軟都沒用，用顯影劑及紫外光一測試，果然發現有好大一個角膜潰瘍在眼球的正中間。

這時有兩個建議：先用針尖清理慢性角膜潰瘍所造成的增生，刺激貓咪的修補系統來修補角膜。通常清理的夠徹底就會好轉，但如果真的沒有改善，就只能用結膜來補回這個潰瘍，但這容易造成貓咪眼球產生一塊色素或變得很霧。

提醒大家，有些醫生會用棉花棒來撥開受損的角膜，這隻貓咪在之前也有醫生試過這樣做，但很明顯刺激性不夠，必須要用針尖挑刺來刺激。

另外很多醫生一開始就叫飼主做結膜移植來補洞，這項手術費用非常高，我認為是不需要的，除非潰瘍已經深到眼球裡面的東西都快要擠出來，這時就絕對要做修補。病毒性淺層角膜潰瘍，通常給予刺激後都能有顯著的效果，無須花錢做結膜移植修補的手術！

上面兩張是做角膜清創前後的相片，右圖是還沒做手術前，左眼的角膜有六個月慢性潰瘍而罩上白霧的圖片。左圖是做完角膜清創手術一個星期後的相片，已經看不出左眼曾經有慢性潰瘍了

貓咪飼養 Q & A

　　這裡整理出網路上飼主時常詢問的相關問題給讀者做參考。由於每一種疾病與貓咪健康狀態各有不同，因此當發現愛貓出現疾病徵兆時，請務必先送至動物醫院做檢查治療。

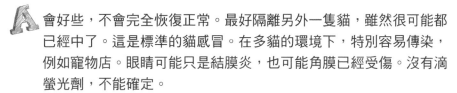

Q 我六月二十日在寵物店買了一隻兩個月大的蘇格蘭短毛貓。第一晚已帶牠去看獸醫。獸醫說糞便正常，其他暫時 ok，但有流鼻水現象，叫我留意。第二天，貓咪開始流鼻水、打噴嚏，我便帶牠回寵物店照顧。再過幾天，他們寄了貓咪的相片給我看，我發覺雙眼一大一小。之後寵物店說已看獸醫，眼睛結膜炎，需要滴眼藥水和服藥。現在已是第三個星期，眼睛仍然一大一小，雖然情況比以前好。寵物店說須再觀察，情況穩定後，才讓我帶回家。現在真是很擔心！請問可不可以給些專業意見！

A 會好些，不會完全恢復正常。最好隔離另外一隻貓，雖然很可能都已經中了。這是標準的貓感冒。在多貓的環境下，特別容易傳染，例如寵物店。眼睛可能只是結膜炎，也可能角膜已經受傷。沒有滴螢光劑，不能確定。

Q 古醫生請問你認為貓咪的疫苗應該是每年打一次？還是三年打一次較為適當？因為我發覺這兩種說法都各有獸醫支持。

A 不打針是自找麻煩，到時候吃不完兜著走。至於幾年打一次，沒有太大的差異。貓咪一歲等於人七歲，醫生打針前，會幫貓咪檢查一下身體，因此七年見一次醫生，檢查身體，應不算太過分，何必等二十一年才見一次醫生呢？至於抗體是否可以撐到三年，其實是可能的，不過何必冒險呢？

我目前住在北加州。我有隻公貓今年八歲。兩年前眼睛發炎，看了獸醫，點了約四星期的眼藥Clavamox/Amoxicillin/Trihydrate。價值不低，但效果不彰。停用後約一個月，自己好了，但眼角一直有一點白色。半年前又發炎，擦雲南白藥，用了三、四天就好了。未料上星期又復發了。這三次流下的膿都把眼下方的皮毛腐蝕了。這次又試著用雲南白藥，用了一星期，好大半了，但沒有痊癒。想請教是什麼原因造成的？如何治療？
非常感謝你的幫忙及指教！

 這是貓瘟，又稱貓感冒。皰疹病毒造成的。
基本上這病毒會跟著貓咪一生一世，通常是幼貓時就感染了，打過預防針會好些。不過只要貓咪心情不好，或抵抗力差，就會發作，沒法完全醫好，只能在嚴重的時候，滴些眼藥水、眼藥膏，保護眼球。白色的是角膜受傷之後留下的疤痕，慢慢顏色會淺些，但不會完全消失。

 謝謝醫生快而詳細的答覆！請容許我「得寸進尺」。
關於預防針，三年前我帶貓長老（當時六歲）去打針時，當時的醫生說，貓咪長期在家不會外出，可以三年才打一次。但最近帶牠們打針，新來的醫生卻說要一年打一次。
是疫苗不同或貓的年紀不同，影響了注射的有效期嗎？牠們是否以後要每年打一次針？

 基本上是有些廠牌的預防針曾經做過測試，可以在三年內都有有效抗體，但大部分的預防針沒有花錢做這項測試。
雖然大家都知道這些預防針並沒有太大的不同，但普通預防針仍然建議是一年一次，何況貓咪長大一歲相當於人的六、七歲，打預防針的時候順便做個全身健康檢查，並沒有什麼不好。
不過這和貓咪預防針的效果應該可以持續三年的潛規則一樣，都是眾所皆知的！

你好，我有一隻貓，公，5.3公斤。近來牠聲音沙啞，還會有嘔痰的動作。請問是感冒了呢？還是有異物卡住？或是別的……？

 5.3公斤？妳也把牠餵得太好了吧？

偶爾貓咪會有聲音沙啞等聲帶問題，原因仍是因為貓感冒感染了咽喉，但通常不太會有嘔痰的動作。妳所說的比較可能是真的有異物或 Nasopharygeal polyp（鼻咽息肉、後鼻孔息肉）。

滿多貓有這種東西的，X光或超音波都無法照到，能做的只有全身麻醉後，用細的軟式內視鏡來看清楚咽喉、聲帶、食道附近是否有異物或長了不好的東西。

貓傳染性腹膜炎有可能治癒？

FIP（貓傳染性腹膜炎）是貓咪的絕症。

基本上貓傳染性腹膜炎多發生在兩歲以下的幼貓，通常都是四、五個月大的貓咪。有乾、濕兩種情況：濕的就是嚴重腹水，很容易發現；乾的比較難診斷。通常小貓突然完全不吃東西，加上出現神經症狀，如站不穩或無力等，都有可能染上了此種疾病。

無論乾、濕，通常貓咪免疫系統都會下降，伴隨嚴重的貓感冒或貓癬。此外，很多貓都會有黃疸，然而驗血報告顯示肝膽指數又正常；白蛋白很低，球蛋白（抗體）卻很高，還可能有輕微貧血。這些都是常見的症狀。腹水抽出來應該是無色的，但高蛋白含量。若抽出有血的話，可能是醫生抽水的時候，插到血管或根本不是FIP。

FIP是由冠狀病毒引起。基本上大部分的貓都感染過冠狀病毒，特別是育種者或寵物店出來的貓。冠狀病毒會躲在貓咪的巨噬細胞（白血球）裡面。通常是因為病毒突變造成發病，十隻被感染的貓，可能只有一隻會中獎。一但中獎，通常無藥可醫。

網路上流傳不少FIP醫好的病例，不過九成九九都是誤診，因為基本上FIP沒有辦法百分之百確診，主要是靠症狀、驗病毒及驗血指數來確認。但就算全部符合，也不一定是FIP。

簡單來說，兩歲以上的貓，染上此病的機率微乎其微。我行醫這麼久以來只見過一隻！腹水若是血水，而非透明液體，通常是肝臟或心臟問題導致血液回不到心臟而造成，通常還伴有下痢或嘔吐等症狀。而FIP貓通常只是完全不吃東西，不太會下痢或嘔吐。

以下面這篇網路刊登的文章為例：

摘錄一

一九九八年九月中，我家附近來了三隻波斯貓，經詢問才知隔一條街有一間寵物店，店家因欠債棄養百隻名種貓，店員把值錢的貓帶走後也棄之不理，當房東發現時，被跳蚤咬死及餓死的只剩四十多隻，經三天的搶救，僅存活一半，七天中陸續由債權人帶走，留下四隻病貓由我飼養。

兩隻養不到三十天都死亡，打電話聯絡領養人，才知貓都因身上過多病毒全數死亡，一位獸醫要我每天各餵兩顆B群及鐵劑連續二十天給貓吃，其間也加入治療肝炎的中藥粉，一隻黑波斯養六年，約十一歲時因病死亡，而另一隻貓因感染腹膜炎怕傳染其他貓隻，便獨自在我家倉庫生活，牠是隻雙藍眼的耳聾貓，每次打掃完牠的地方，牠仍在睡夢中，可能因聽不見又單獨生活，今年已十五歲了。

健康後帶去醫院打預防針，醫生說曾多次為牠抽腹中的水，剛帶回家，已三天未進食，雖有吃維他命，但整個腹部大到能碰地，只好用鮮魚拌肝炎及利尿的中藥粉，約兩天，牠竟小便了，幾天後牠的小便愈來愈多，從此牠每天一餐加中藥粉不間斷，也因獨立空間讓牠至今仍健康快樂的活著。

牠雖不是最長壽，可是牠的生命力很強，一隻腹膜炎的貓，除了牠體質好又有適合的藥方，牠和拾獲得犬瘟的薩摩耶犬均因中藥粉而存活，才是我相信中藥粉的關鍵，您有遇過流浪貓、狗嗎？孤獨無助的活在地球已很可憐，如果允許，給牠們一些食物，給牠們一個生存的小角落。

節錄自http：//m.xuite.net/blog/rita88889999/lovedogcat/119474715

首先，案例是安哥拉貓，不是波斯貓。第二，他說醫生抽出血水，那就不是FIP。但這文章卻給了很多真正感染FIP貓咪的飼主有了不確實的希望。

　　當然，如果真的疑似得到FIP，多嘗試個中藥治療也無妨。目前有研究顯示，干擾素歐米茄（Interferon omega）似乎可以減少冠狀病毒的數量，但就數據而言，用了干擾素及沒有用干擾素的貓，其平均壽命是沒有不同的。不過研究的樣本只有九隻貓，所以研究結果可能不太準確。

　　如果飼主經濟上較寬裕的話，可以試一試Interferon omega，看看是否有效，也可以上傳到網站來，與大家分享實際的經驗。不過請務必做齊所有檢查，確認是FIP後再試，不然網路上就又多了一個因誤診而給主人假希望的病例了。

　　近來有一種新藥Polyprenyl immunostimulant（PI），是目前唯一有科學期刊報導療效的免疫刺激劑，不過這也不是萬能藥。

　　第一，只適用於乾性的FIP，大肚子腹水的致命濕性FIP可能沒有太大用處；第二，期刊中的三隻貓中有兩隻是沒有明顯癥狀，只是做絕育或健康檢查時發現肚子裡有一粒很大的腫塊，化驗後發現是FIP造成的肉芽腫，只有第二隻是

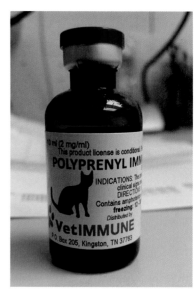

美國進口的Polyprenyl immunostimulant（PI）外觀

因為胃口與精神不佳時看醫生而發現的，因此採樣的樣本數太少，療效還有待驗證！

在得到這個消息後，我費盡千辛萬苦，終於從美國將這款藥物訂回香港，因為我也很好奇這個藥是否有期刊上說的這麼神，疑似乾性貓傳染性腹膜炎的貓咪飼主若有需要歡迎來診所詢問。

另外也有飼主說冬蟲夏草對乾性FIP有療效，我也不排除這個可能，不過這款藥物比冬蟲夏草還便宜一些，而且有科學論文做背書。若是飼主想多嘗試幾種治療方式，可以跟我做個討論，或許能有預期之外的效果出現。

而感染FIP絕症的貓咪數字愈來愈多，從幾年前開始做獸醫時一年兩、三隻到現在一個月就兩、三隻，增加的速度有明顯增加，另外也開始有年紀超過三歲感染FIP的例子。

做獸醫看到FIP的病例時往往是最難過的，因為通常是很年輕、有精神的小貓，突然變成這樣，醫生完全束手無策。主人才剛剛跟小貓開始有感情就要分離，真的很可憐！這也是做醫生最害怕遇到的。

緣分何時盡，我們控制不了，但至少努力過。在牠們有生之年，好好陪過牠們就足夠了！狀況若真的很糟的話，可以考慮人道處置送牠一程吧！因為大多數的FIP貓，最後是餓到虛弱而死，相比之下更為殘忍。

貓咪飼養 Q & A

　　這裡整理出網路上飼主時常詢問的相關問題給讀者做參考。由於每一種疾病與貓咪健康狀態各有不同，因此當發現愛貓出現疾病徵兆時，請務必先送至動物醫院做檢查治療。

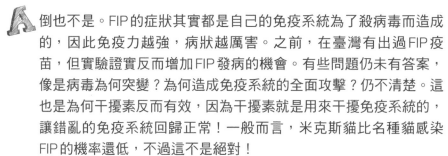

Q 我家的二小姐就是濕性FIP回到天堂的。當時獸醫說，若有人能研發出醫治FIP的藥，他一定賺大錢。由診斷出FIP至離世只是一星期的時間，類固醇只能讓牠舒服一天。看著牠不能吃、不能喝，辛苦到連睡覺也無法睡，我最終選擇了讓牠做隻貓天使。FIP真的是貓主人們和貓咪的惡夢！想問一問古醫生，我的獸醫說，米克斯貓比名種貓免疫力強，少一點病痛，FIP的機會也比較少。這種說法是真的嗎？

A 倒也不是。FIP的症狀其實都是自己的免疫系統為了殺病毒而造成的，因此免疫力越強，病狀越厲害。之前，在臺灣有出過FIP疫苗，但實驗證實反而增加FIP發病的機會。有些問題仍未有答案，像是病毒為何突變？為何造成免疫系統的全面攻擊？仍不清楚。這也是為何干擾素反而有效，因為干擾素就是用來干擾免疫系統的，讓錯亂的免疫系統回歸正常！一般而言，米克斯貓比名種貓感染FIP的機率還低，不過這不是絕對！

Q 醫生，為了避免此病延續，如果家中曾有FIP貓，是否最好別養新貓？對不起，我的意思是若仍有舊貓（曾與發病貓共同生活過），可以新、舊貓一起養嗎？

A 怕的話，建議不要混養。可以養已經超過三歲的成貓。將舊的貓砂丟了。其他地方，用一比五十的漂白水稀釋消毒，應該可以再養。

醫生，短短五年，我自己的貓和朋友的貓患FIP數超過二、三十隻了，所以什麼病徵、貓咪如何辛苦已非常非常明白，也覺得不應在此提如何傷心。只是有幾點曾問其他醫生，現想再參考古醫生的意見。

1. 患上冠狀病毒的貓未必會腹膜炎發病，究竟什麼原因發病？是壓力還是免疫力出問題？
2. 如果發病是由於體內對冠狀病毒有反應，而變成腹膜炎，那麼同胎一隻發病，其他兄弟姊妹發病率會比較高嗎？
3. 我曾用過針劑的干擾素，但好像加快貓咪死亡。只吃口劑干擾素作用不大。其實干擾素是用來醫治貓咪什麼疾病呢？
4. 香港有沒有醫生團體或機構或化驗所鑽研腹膜炎呢？真的只能找外國資料作參考嗎？
5. FIP跟SARS相似嗎？如果相似，為何人類可以痊癒，而貓咪的死亡率卻這麼高？
6. 有沒有聽聞中藥可治療FIP？

1. 都不是，是病毒突變，所以如果已經有發病的FIP貓在家裡，最好還是要做好用漂白水徹底消毒的防範。不然，下一隻可能不用等到病毒突變，就可以直接感染快要突變或已突變的病毒。但冠狀病毒似乎是在巨噬細胞裡面突變的。抵抗力越好，發病越厲害。
2. 同胎感染同一病毒的機率高，發病率當然也比較高。
3. 干擾素有很多種。之前針劑多半是Gamma（伽瑪）干擾素，而不是這裡所提的Omega。兩種調節的免疫系統不同。
4. 據我所知，沒有。
5. 都是冠狀病毒，但中間差異很大。SARS是攻擊呼吸系統；貓咪冠狀病毒是攻擊腸胃之後，再潛伏造成FIP。兩者完全不同。
6. 純粹傳聞！就像我在文章中提供的連結，他也是自稱中藥治好FIP，但結果是隻五歲的老貓，還是帶血的腹水。根本就是心臟病或肝病造成的腹水，所以我認為大部分網路上說治好的，都是誤診而已。FIP發生在兩歲以上的貓是少之又少，加上FIP的腹水是無色或微黃的，絕對不是血色的，所以大多都是誤診或主人自以為是FIP。如果你有其他例子，歡迎上傳到我的網站分享。

1.請問是什麼令巨噬細胞突變？

2.同胎突變機會率比較高，是因為共同生活已早感患病毒？還是遺傳基因相似，所以突變機率高？

 1.不是巨噬細胞突變，而是病毒在巨噬細胞內突變。當然，也有人提出是貓咪本身對病毒免疫力差，如感染FIV、用類固醇、轉換環境等壓力因素，導致病毒快速複製，而增加在複製時突變的機會，但目前尚未被證實。

2.同胎通常免疫系統差不多，而感染的病毒是同一型，突變及發病的機率當然就比較高。目前來說，室內養多隻貓，共用貓砂，是感染冠狀病毒的根源。在野外，貓很少會接觸到另外一隻貓的糞便，因為貓會掩蓋自己的排泄物。但在室內，多隻貓共用貓砂，病毒就會從糞便散布到不同的貓身上。野貓很少感染FIP，然而一旦被捉回來，就有機會感染。

 你好，我家貓咪兩歲，初步發現有腹膜炎。肚子都是腹水，醫生說要人道處置，但我看牠只是肚子脹了一點，胃口很好，大小便亦有，請問這病真的沒辦法醫嗎？

 兩歲有FIP的機會不大。我見過的都是兩歲以下。牠有驗血報告及做快速測試嗎？但如果真的確診是FIP，的確是沒有醫治的辦法。

 古醫生，由於乾性FIP現在無法百分之百測試確定，如果貓不是FIP，服用類固醇後，會痊癒嗎？

 類固醇不是治療的藥，除非是免疫系統的問題。類固醇只是減輕症狀的舒緩劑，你要看貓咪是什麼問題，才能對症下藥！

 請問成貓是否一般很少FIP病發？

 基本上，超過兩歲不會發病，機率非常低。

請問一下，貓咪快五個月大。因為貓咪精神不好，沒什麼活力，嗜睡，會吃，只是吃得沒之前多，排泄正常。前幾天帶去醫院看，體溫40.4度，懷疑感染FIP。抽了腹水6cc，黃且澄清。牠白血球24多、血紅素7。醫生說有一個公式算ALB4.9，有兩個條件符合，可ALB沒符合，這樣會高度懷疑是FIP嗎？

FIP是病毒用顯微鏡是看不到的，要送化驗所做PCR或直接像驗孕一樣做個快速測試。若是輕微貧血，又是幼貓，可試試吃驅蟲藥及營養的幼貓飼料！可以先做快速測試。有胃口通常不是FIP。

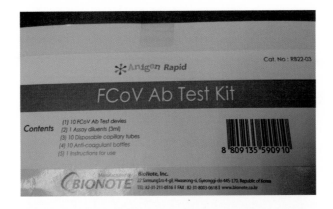

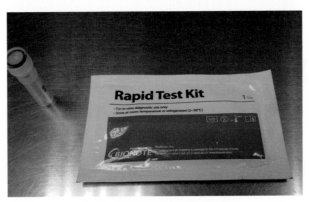

貓傳染性腹膜炎快速測試試紙

Q 古醫生，請問貓咪體內有貓白血病（FeLV Feline leukemia）的病毒是否沒得醫？我朋友的貓咪驗到有這些病毒，常發燒。那個獸醫建議她將貓咪人道處置，聽了很傷心！可有其他天然食物增強貓咪的抵抗力嗎？

A 貓白血病（FeLV）事實上並不會造成太多臨床症狀，FIV（Feline Immunodefiency Virus，貓免疫缺陷病毒）才比較會容易發燒。FeLV之後會比較容易有淋巴癌，這才是重點，不然本身有FeLV的貓很少有其他問題。不過建議你再多驗幾次，因為在香港很少有FeLV。

Q 你好，想問問有關FIP（貓傳染性腹膜炎）。在網上看到報導說FIP冠狀病毒進入巨噬細胞，會隨著巨噬細胞循環到全身。而醫生現在幫我的貓開了其他藥物，加黑酵母。但出產黑酵母的那間公司在其網頁上說牠們的黑酵母培養液中含有 β-glucan，有激活免疫系統的作用。存在於免疫細胞的巨噬細胞表面的「接受體」與 β-1、3-1、6 glucan 結合在一起，巨噬細胞的活動會變得活躍起來。請問當巨噬細胞活躍時，是否會令病情轉壞？Thanks！

A 對FIP做任何事，大多沒有意義。不過很多醫生會誤診，因為FIP很難確診，有病毒不一定會發病。基本上貓咪如果超過兩歲是不太會染上此病的。不過一旦發病，基本上活不過兩個星期。臺灣之前有FIP的預防針。但有研究顯示反而會使抗體包覆病毒，而讓病毒更加容易進入巨噬細胞中，更容易致病。而且FIP的腹水等症狀其實是免疫系統為了攻擊FIP病毒所造成的，所以，增加免疫系統可能對FIP來說更嚴重。不過類固醇等降低免疫系統的藥也沒有用。基本上確診FIP有兩步，一是快速測試確認有病毒；二是驗血，確認白蛋白（ALB）很低，但球蛋白（GLOB）很高。如果是這種情況再加上兩歲以下的貓咪不吃東西、沒精神，基本上95%可以確認。網路上不少FIP痊癒的例子，其實應該是獸醫只驗了病毒快速測試呈陽性，就認定貓咪有FIP。事實上，在多貓的環境中，十隻有FIP冠狀病毒的貓，可能只有一隻發病，所以FIP誤診的情形嚴重，而不是痊癒的病例很多！

古醫生你好！三個月前，我領養了一隻約兩個半月的幼貓，跟貓義工領養的。已替牠打了三支預防針。現在大約六個月大。十一月底、十二月初，牠便便不太暢順；十二月五日起，更開始沒有便便，十分令我擔心。十二月七日帶牠看獸醫。獸醫說牠肚裡有硬便便無法排出，當日用普通的通便方法，但未能成功（不過晚上排出了小部分）。十二月八日約了做灌腸手術。手術前需先驗血確保安全，可惜驗血報告不合格；再照Ｘ光，竟然發現胸腔佈滿積水。已抽取部分積水，淺黃色且不是稀稀的。經臨床診斷，初步診斷為腹膜炎，真是晴天霹靂！沒想到會發展到這個地步！當日我已帶牠回家。十二月九日再帶牠到獸醫照Ｘ光片。牠情況也不太差，只是看起來身體比較累，願意少量吃些罐頭食物（我加了一些水，讓牠可以喝一點水），呼吸也尚好（十二月八日，抽取了55cc的肺水）。十二月九日照超音波，醫生說滿肚是水，又試抽約15至20cc的水，想等牠舒服點再抽，但牠掙扎，所以放棄。然後決定將腹水化驗。雖然我知沒有意義，但希望有奇蹟……

十二月十二日本來預診抽腹水，但十日晚上發現牠呼吸得好困難，怕牠有事，所以帶牠去診所住一晚氧氣箱。十二月十二日已抽取150ml左右的腹水，見牠呼吸好多了，也有點氣力喵。醫生說會開一種藥，叫我出去配，但藥的費用異常昂貴。根據網上及朋友分享，應該不是這藥。直至十二月十二日，除了呼吸外，其他情況尚好（也肯吃，也會便便，雖然便便數量及次數較少，也暫時願意走動）。不過，見到牠好累，成日想睡。這一刻，我有什麼可以做？我知道這個是不治之症，但牠還這麼小，也感到到牠不想放棄，我真不忍心讓牠離開！期待你的回覆，謝謝！

 二〇〇七的研究報告已經證明過用不用omega干擾素在數據上沒有不同，而且omega干擾素很貴。但干擾素對貓免疫缺陷病毒（FIV）和貓白血病（FeLV）感染的貓卻有用。實驗裡只有一隻貓傳染性腹膜炎（FIP）貓存活超過三個月，但統計上來說，其實意義不大，並不是完全治癒！你想試試也無可厚非！

 如果FIP最後是餓死的話，針筒餵食或餵食管有用嗎？我真的好想有辦法能幫牠！

強迫灌食只是延長貓咪的痛苦，意義不大，最後乾的會抽筋死亡，而濕的會肺積水，呼吸困難而死。

古醫生，我又有點疑問想問問你專業意見。我有貓友買了隻貓，買回後全身是癬，反覆發作（至少有三個月）。近日又有問題，要去開肚抽組織驗。起初，那位獸醫說好像是淋巴癌，但日前化驗報告出來，診斷應該是淋巴結發炎。因牠身上有FIP病毒，懷疑FIP發作，導至淋巴結發炎。我之前讀過一篇有關FIP疫苗的文章，說因為大部分貓隻都帶有FIP病毒，而疫苗對已有病毒GA的貓無效，因此該疫苗一直沒受到推廣。一讀到這點，我不禁產生一些希望，會不會其實淋巴結發炎是因為貓隻治療全身癬而引起？加上身上有FIP病毒，再加上淋巴結發炎就等於FIP發作？謝謝！

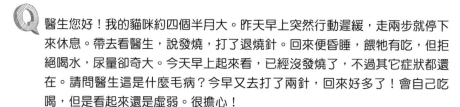 FIP疫苗沒有用，甚至可能增加感染風險，因為病毒是先感染貓咪的白血球，而疫苗增加白血球吞噬病毒的機會，所以可能更差。感染FIP的貓由於免疫系統加緊對抗病毒，因此其他方面也會很虛弱，容易有嚴重貓感冒或生癬。至於淋巴腫大，除非是肚子裡面，不然不一定是FIP。

 醫生您好！我的貓咪約四個半月大。昨天早上突然行動遲緩，走兩步就停下來休息。帶去看醫生，說發燒，打了退燒針。回來便昏睡，餵牠有吃，但拒絕喝水，尿量卻奇大。今天早上起來看，已經沒發燒了，不過其它症狀都還在。請問醫生這是什麼毛病？今早又去打了兩針，回來好多了！會自己吃喝，但是看起來還是虛弱。很擔心！

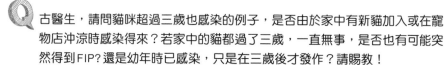 有沒有驗血？可能是不知名的病毒感染。很多小貓都會有。希望不是FIP就好。

 古醫生，請問貓咪超過三歲也感染的例子，是否由於家中有新貓加入或在寵物店沖涼時感染得來？若家中的貓都過了三歲，一直無事，是否也有可能突然得到FIP？還是幼年時已感染，只是在三歲後才發作？請賜教！

基本上，FIP都是共用貓砂傳染的，跟外面沖涼沒有關係，也很少有貓會在外面一起沖涼吧！

內分泌及神經系統

 賀爾蒙失調會引發什麼病症？

首先，何謂賀爾蒙？

「賀爾蒙」是指由內分泌腺體所分泌的化學物質，就像身體功能的指令系統。簡單來說，所有生物都有兩個主要的溝通系統：一個是神經系統；一個就是賀爾蒙系統。

神經系統是腦部與器官之間的快速聯繫，而賀爾蒙就是腦下垂體與許多器官的慢速聯繫，但這個慢速聯繫對於維持身體機能，如血糖、血壓、電解質平衡等等都非常的重要！當內分泌系統失去控制，體內的「賀爾蒙」就會大亂。

動物的身體裡面有非常多種賀爾蒙。每種賀爾蒙都是用來調適不同的情況。然而總要有個指揮中心，就是腦下垂體。他可以說是賀爾蒙裡的總統。而甲狀腺就是行政院長。其他的腺體或多或少都是被這兩個首長所影響，包括性賀爾蒙、生長激素等。

中醫認為，一天之中，人的「氣」會在不同器官間循環。其實這主要是因一天之中賀爾蒙會有高低起伏，進而影響新陳代謝及消

化、呼吸、心跳。一年之中，又因日照的長短，也會令賀爾蒙產生如此的變化。換言之，中、西醫是相輔相成的。

職是之故，單單驗一次賀爾蒙其實並沒有太大的意義，因為時間、季節、甚至動物的心情都會影響到賀爾蒙的變化。因此很多時候我們擔心賀爾蒙過高或過低，都得做特別的曲線圖或打刺激劑來評估。不能單單靠驗一次血，就認定動物的賀爾蒙過高或過低！

賀爾蒙的問題幾乎都是年紀大的動物才會有。**老貓容易有糖尿病**，也就是胰島素過低或不敏感。另外有些**過瘦的老貓容易有甲狀腺亢進**的問題。

我相信很多地方都可以找到糖尿病的資料。動物比較不像人一樣，因為細胞對胰島素不敏感而造成糖尿病。動物多半是常吃高蛋白或高糖分、高脂肪的食物，造成急性或慢性的胰臟炎，最終導致製造胰島素的細胞全部壞死，而使胰島素過低。因此等到動物吃完飯後，血糖就在血液裡堆積，卻無法被細胞給吸收利用，最後明明看到一堆糖分在血液裡跑來跑去，細胞卻活活餓死而造成血酮症（Ketoacidosis），並可能急性癱軟甚至昏迷死亡。

年紀大的肥貓因此偶爾需要驗一下血。如果貓咪血糖指數超過25/300，就有可能是糖尿病了。若要確診和調配胰島素的劑量，就得做血糖曲線圖。

這是相當耗時的一件事。而且動物終身都要吃糖尿病處方食品，另加一日兩次胰島素針劑。每三個月還得再做一次血糖曲線圖。如果貓咪突然水喝得多，尿也變多之後，更應該要早點做一次，因為這種現象通常是代表胰島素針劑量開始不夠囉！如果主人能夠乖乖地按照指示，幫貓咪打胰島素，並不亂餵食零食，其實大部分的動物都仍有個幾年壽命可活。

但說真的，通常會有糖尿病的動物，大多是因為主人忍不住，亂餵食人吃的東西給牠們才發病的。所以治療時，主人是否能夠乖乖地守規矩實在很難說。這也是影響糖尿病的貓咪存活率的一個重要關鍵！

老貓偶爾會有甲狀腺亢進的問題出現。甲亢會造成心跳過快、心肌肥大的心臟病，毛髮亂七八糟，脾氣暴躁，狂吃但暴瘦，血壓過高，甚或視網膜出血等症狀。

所以我們見到瘦到皮包骨的老貓，通常只需要問主人貓咪是否仍有胃口。如果貓咪仍很有胃口，多半是甲狀腺亢進；如果沒有胃口，則多半是腎衰竭。

另外貓咪很少有心雜音。如果老貓有心雜音，則多半是因為甲亢造成的心肌肥大所導致的二尖瓣回流。

Species: Feline		Age: *oll.*			Po Tel: 2380 8408
Breed:		Doctor:			

Test	Results	Reference Interval	LOW	NORMAL	HIGH

SNAPshot Dx (November 14, 2015 5:11 PM)

TT4   > 7.0 µg/dL

Diagnostic Interpretation for TT4
  < 0.8 µg/dL   Subnormal
  0.8 - 4.7 µg/dL   Normal
  2.3 - 4.7 µg/dL   Grey zone in old or symptomatic cats
  > 4.7 µg/dL   Consistent with hyperthyroidism
  Cats with subnormal T4 values are almost exclusively euthyroid sick or over treated for their hyperthyroidism. Older cats with consistent clinical signs and T4 values in the grey zone may have early hyperthyroidism or a concurrent non-thyroidal illness. Hyperthyroidism may be confirmed in these cats by adding on a freeT4 (fT4) or by performing a T3 suppression test. Following treatment with methimazole, T4 values will generally fall within the lower to middle end of the reference range.

VetTest (November 14, 2015 4:50 PM)

TT4 = Total T4，等於總甲狀腺數值。通常驗自由的T4比較準確，但像這張圖一樣爆燈到連機器都驗不到（>7.0）的TT4，基本上不用懷疑，一定是甲狀腺亢進了！如果指數介於2.3到4.7中間就可能要驗一下TSH（Thyroid stimulating hormone甲狀腺刺激素）或Free T4比較準確。

貓咪甲狀腺過高通常是甲狀腺有良性腫瘤。若貓咪年紀大，多半採取藥物控制。但如果貓咪年紀不大，則可以考慮手術摘除甲狀腺，或用放射性同位素碘來破壞甲狀腺腫瘤。然而兩個方法都有可能造成甲狀腺過低，所以必須小心！

另外有很多老貓因為甲亢所造成的高血壓令腎臟血流增加，使排毒效率提高，而忽略到老貓潛在的腎臟病。因此當用藥物控制甲亢，令血壓降低之後，腎臟衰竭的問題就會浮現，導致貓咪加速死亡。所以在用藥初期，建議為貓咪驗一下腎指數，看看是否有升高的趨勢。

如果有，不太建議先處理甲亢，因為腎臟病奪取貓咪生命的速度一定快過甲亢！但不妨餵食一點點降低心跳的藥，好讓貓咪的心臟肌肉不要這麼發達！

貓咪飼養Q&A

　　這裡整理出網路上飼主時常詢問的相關問題給讀者做參考。由於每一種疾病與貓咪健康狀態各有不同，因此當發現愛貓出現疾病徵兆時，請務必先送至動物醫院做檢查治療。

 請問糖尿貓吃什麼飼料好呢？

 RC Diabetic 或 Hill's w/d 飼料。

 我的貓十九歲。之前抱牠，有如抱排骨！叫又叫不出聲來，又咳、又不吃東西！去診所驗血、照X光和超音波，發現支氣管有問題和甲狀腺亢奮。NA 158 mmol/L、K 3.4mmol/L、T4 >90mmol/L。要吃甲狀腺藥CARBIMAZOL、抗生素VIBRAVET PASTE和擴張氣管藥ATALIM2.5！一星期之後再驗血，甲狀腺指數高了：NA 163mmol/L、K 5.1mmol/L、T4 62mmol/L。要繼續吃藥。月初醫生再照X光，見牠肺片好花，就抽了肺液體去驗一下有沒有肺癌，但又驗不出有癌。所以又繼續吃藥。但我在網上知道甲狀腺亢奮的寵物會吃得多和興奮，但我這隻貓現在仍然不吃東西、又沒聲、又咳、也不興奮。要我強行用針筒餵濕飼料。請問我的貓會不會有其他病呢？

 甲狀腺亢進的貓常常同時有腎臟病，但因為甲狀腺造成血壓高，而掩蓋了腎臟病的指數及徵狀。因此，貓咪吃了控制甲狀腺的藥之後，反而會更加疲倦，不吃東西。這時就要驗一驗腎指數。很可能因為控制了甲狀腺，導致血壓正常，卻反而造成腎臟排毒不佳，因而中尿毒。另外甲狀腺會造成心肌肥大、肺積水或甚至腹水的情況出現。如果不控制好，心臟也會有危險！

我的貓因為驗血顯示腎指數高：UREA 17mmol/LCREA 211umol/L，只好吃腎臟病飼料和打100ml點滴。

可是牠不主動吃東西、又沒精神、眼神呆滯。主診醫生吩咐隔天餵食甲狀腺藥，看看有沒有胃口。很可惜貓咪仍然不吃！昨日複診，體重沒變，仍然是1.75kg，好輕！醫生說貓咪腎指數不是很高，可以說只是腎炎，不是腎衰竭，沒理由沒胃口。因此主診醫生懷疑貓咪有癌症，因為聽到貓咪一邊肺有雜聲。

其實之前有抽肺液去驗癌，但驗不出有癌。不過主診醫生說可能沒抽中有癌的體液去驗，所以驗不出未必就代表沒癌！這次叫我先停甲狀腺藥，改服類固醇和維持擴張氣管藥，看看有沒有使胃口和精神好些。

想問醫生，甲狀腺指數T4 32nmo/L 算不算高呢？貓咪真有可能得的是癌症嗎？貓咪昨日和今日都吃了類固醇藥，但仍然沒胃口、沒精神。我強行餵牠吃飼料，牠好怕！我覺得我好殘忍，但不餵牠又不吃，真是好苦惱！見牠好想喝水，但望著水盆又不喝。莫非牠已經老到喉嚨縮窄了？莫非真是沒藥可以醫好牠？牠的糞便又小又細！會不會整條腸都變窄了？聽說有黑酵素對癌症會有用！雲芝（靈芝）也說會有用！醫生希望你多給我點意見！

 你好！

1. 我同意，腎指數並不會高到貓咪沒胃口，只是輕微的腎功能不足，並未到腎衰竭。

2. 甲狀腺32是正常範圍。我的甲亢貓都超過64以上。而且如果從脖子沿著氣管摸，通常可以摸到兩邊有腫塊。甲亢通常是甲狀腺的腫瘤。

3. 年紀大的貓體重變輕和沒食慾可能性很多。吞嚥困難或食道胸腔有腫瘤的貓仍然想吃東西，但吞不下去，吞一吞就會吐出來，因此你的貓患此病的可能性不高。可以照胸腔X光，很容易看到。我沒有檢查過你的貓，很難講究竟哪裡有問題。甲亢的貓通常食慾很好，但很輕。不會沒有食慾！

古醫生您好！關於貓咪糖尿病有個說法，說完全以濕食餵食，減低碳水化合物的攝取，可以降低血糖，不必再打胰島素。

可否請您有空時讀讀此文並給個回應：

http：//blog.sina.com.tw/fabulous/article.php？entryid=628263

 抱歉，文章太長，沒辦法看完，不過我可以簡單說一說：

1. 糖尿病的貓基本上建議吃高纖維或任何低澱粉的食物。
   乾飼料的確可能碳水化合物偏高，不建議。但很多貓從小吃到大，也不願意吃罐頭，所以有實行上的困難。

2. 很多貓有假性糖尿病，其實只是來獸醫院抽血的時候緊張，導致血糖飆升，並不是真正的糖尿病，所以說會醫好，多半是誤診，只是假性升高。
   糖尿病有 Type I 及 Type II 兩種：一種是胰臟損壞，不再分泌胰島素。這種糖尿病基本上不會好。
   另外一種是細胞對胰島素不敏感，打很高的劑量都沒有反應，這種糖尿病只要長期降低血糖含量，讓胰島素不用整天分泌，刺激細胞，細胞對胰島素的敏感度就有可能慢慢回復。這並不是不可能的。
   但我目前看到不少貓咪是因為每個星期嘔吐一、兩次，胰臟指數很高，慢性胰臟潰爛，主人卻以為貓咪是正常吐毛，沒有特別理會，導致最後胰臟壞光光，沒有胰島細胞分泌胰島素，而造成糖尿病。
   這種情況，基本上好不了。

文章確實很長，麻煩您了不好意思。

是朋友的貓，喝很多水、尿很多尿。第一次驗血glu480。改吃Royal處方飼料，3天之後再驗，glu540，於是住院一天做血糖測試。開始每天兩針胰島素，但是打針很困難，每天都造成很大的困擾。打了三星期後，原本很溫馴的貓咪終於大發脾氣，使全家都掛彩，所以他們很想放棄治療。

貓咪是去年才結紮的六歲公貓，從未吃過罐頭或零食，只吃飼料。因此我懷疑是長久吃便宜的雜牌飼料造成貓咪糖尿病。也許改以優質低碳水化合物的罐頭，可能可以降低血糖，但是我不敢隨便亂建議，才想聽聽您的意見。

朋友一向購買特價便宜飼料，現在非常後悔。如今即使再貴的罐頭，她也願意，只求不要給牠打針了。我想建議巔峰罐頭試試，總比她們氣餒放棄治療好吧！您覺得呢？

我最主要的問題是：可以不打胰島素嗎？

 短期內不打胰島素可能很難控制，而且所謂優質低碳水化合物的罐頭哪裡買？糖尿病處方罐頭已經標明此功效了。外面買的貓罐頭品質更難控制，我不敢隨便建議。

打針其實很容易，我不確定為何會搞到貓咪發脾氣。如果是對胰島素不敏感的那種糖尿病，長期低澱粉的食物的確可能有幫助。

不過低澱粉代表高蛋白，高蛋白傷腎，所以貓咪腎臟病多，可能糖尿病未治好，腎臟卻壞了！

我個人則是持開放的態度，但我不會建議這樣試，除非是真的打不到針。

泌尿及生殖系統疾病

 腎臟病怎麼辦？

很多人都會要求我討論腎臟病，因為老貓年紀大，開始食慾變差、水喝得多、尿尿便多，卻越來越瘦。這八、九成都是因為慢性腎臟病所造成的。

腎臟對貓咪來說，基本上是一個最容易而又最需要維修的器官，所以大家應該要好好保護它。

首先讓我簡單說明腎臟用來幹什麼的吧！

腎臟，非常精密的組織，功能其實有點像出水口的濾網。只是濾網的功能是將髒東西留在濾網上面，但腎臟卻是將髒東西，如尿毒等廢物排出體外；同時將有用的東西，如蛋白質及血球留在體內。因此，如果有些腎臟在遭到抗體或細菌病毒破壞的時候，會產生蛋白尿，因為排水口被破壞了，造成除了廢物之外，蛋白質也容易跟著流失。

不過要注意，驗尿的時候，如果有很多血球，那尿蛋白高也不奇怪，因為可能只是尿道膀胱出血而已！血液裡面本來就有很多蛋

白質，所以會造成蛋白尿，並不奇怪！若是在沒有血球的情況下有高尿蛋白，這時就要小心了！

腎臟的另一個功能是節約用水。

當我們脫水的時候，腎臟會降低排尿量，讓尿液變濃，將水分留在體內，讓我們的心臟有足夠的血液做循環。然而當貓咪腎臟病的時候，腎臟功能下降，省水功能開始壞了，就會造成貓咪不斷喝水，不斷排尿，尿液偏淡、偏稀，但動物本身仍然嚴重脫水！因為喝多少，排多少，身體完全鎖不住，也利用不到水分，尿液比重因而變得很輕，這就是早期的腎臟衰竭。最後階段是腎臟完全萎縮、纖維化，導致出水口堵塞，完全沒有尿排出。如果貓咪到了這個階段就……唉……就沒什麼可以做的了！

腎臟的最後一個功能是製造紅血球生成素（EPO）。腎臟可以偵測組織缺氧而產生EPO來刺激骨髓造血。當腎臟功能開始衰退的時候，EPO的產量也會開始減少，導致貓咪貧血，不過這是非再生性貧血，沒有新的紅血球，但通常血球壓量在PCV/HCT 15%以上。

很多醫生一見到一點點貧血，就建議打人類的EPO來刺激造血。然而因為是人類的EPO，很多貓在打了幾次後，會產生抗體。這些抗體甚至會連貓自己的EPO都一起破壞，打完後反而會造成更嚴重的貧血。所以我個人認為，如果PCV不是跌到12%以下，都最好不要打。貓不吃東西，通常跟這個無關，而是因為尿毒太高！搞好腎臟問題，貓通常就會開始有胃口了。

除了有些波絲貓或異國扁鼻貓有先天性多囊腎的問題之外，大部分貓咪多半是因長期吃高蛋白食物導致腎臟處理過多廢物而衰退。超過七歲的貓或多或少有一些些腎臟功能不全的問題出現。這

問題可以透過驗尿而得知。

因為腎功能不全，第一步會造成的就是無法濃縮尿液而導致尿液很稀釋。如果發現這種情況，可能要盡早換成腎臟病處方貓飼料，以及吃一些些保護腎臟的藥。而至於十歲以上的貓就幾乎都有腎衰竭出現了！

腎臟問題怎麼解決？答案是沒得解決。人類可以買部洗腎機，天天在家裡洗腎。洗腎機的功能就是代替腎臟，將血液裡的廢物清除乾淨，再將血輸回人體。但貓咪不可能每天這樣做，只有急性中毒的貓咪才會用洗腎機清除毒素。對於慢性腎衰竭的動物，天天洗腎會有實行上的困難！人類也可以等待有人捐腎、換腎。動物卻又有道德上的問題，因為動物無法自己決定要不要捐腎臟給其他動物。也不能沒事拉一隻流浪貓來說要捐腎，所以換腎在獸醫界仍然很難實行。

那怎麼辦？只能靠腎臟藥、腎臟處方食物降低尿毒形成，增加腎臟排毒。另外靠每天打點滴或灌水等方法來增加水量。當水量增加，腎臟排毒就會變好。就像出水口如果有些堵塞，增加壓力去沖，有時候就會沖得比較好。

正常貓咪一天需要差不多60ml/Kg的水分來保持最基本的排毒及循環，但有腎病的貓咪或有腸胃炎的貓咪會需要多些水分來排毒，可能需要提供這些貓咪兩至三倍的普通水量來沖走多餘的毒素。不過還是得看動物腎臟退化的程度而定。如果退化得太厲害，很有機會完全排不出毒！

腎臟要壞到75%以上，才會在驗血報告中看到值數有異，因此大部分來看的腎臟病患，腎功能都很差了！然而無論多差，都很難評估有腎臟病的貓還能活多久，因為這要看主人及動物的配合

度。如果動物對腎臟處方食品不排斥，每天都溫順地配合打點滴，也餵得進藥，其實很多都可以多活幾年。但如果患有腎臟病，又有心臟病，就難說了！因為心臟病需要少水，因此同時患有此兩種病的貓通常都撐不了多久。

其實很多心臟病的貓，若餵食太多利尿劑，反而會增加腎臟負擔，心臟又無力打血，進而造成低血壓，最後都會導致腎衰竭，所以主人會相當兩難！

我所能建議的只有七歲以上的貓咪，應每年驗一次肝、腎指數，以利早期發現、早期治療，延緩腎臟惡化的速度。其次，鼓勵貓咪多喝水。如果發現貓咪有喝水喝多，卻胃口變差的時候，儘早帶其就醫。不要拖到牠們完全不吃東西的時候才帶去看醫生，這時通常已經太遲了！

如果真的有腎臟病，也無需太灰心，努力打點滴及乖乖餵食處方食品，仍然有機會延續好幾年生命的！加油吧！

貓咪飼養 Q&A

　　這裡整理出網路上飼主時常詢問的相關問題給讀者做參考。由於每一種疾病與貓咪健康狀態各有不同，因此當發現愛貓出現疾病徵兆時，請務必先送至動物醫院做檢查治療。

 醫師您好！請問腎結石需要開刀嗎？

 腎結石沒有刀開，膀胱石才需要開刀。

 我家的貓有先天性多囊腎，每天也會吃降磷素，Rubenal 75及葡萄糖鞍。最近兩晚牠吃晚餐（蒸雞肉）後不到五分鐘就嘔吐了，吐出來的東西都還沒消化。平時牠吃幾口乾飼料或少許雞肉，也沒有嘔吐情況，感覺好像吃多了便會嘔吐。
附帶一提，牠有食慾、有喝水、會玩，大小便也有、反應動作也快。現在擔心因為腎臟病問題而嘔吐。想問一下腎臟病貓嘔吐的狀況是怎樣的呢？謝謝！喵喵胃口還好，晚上有叫着要我餵食。只給牠少量，吃了就沒有吐了。

 建議驗個腎指數，只要兩分鐘。
的確腎臟病反應跟普通腸胃炎沒有分別，但胃口會更差。

🐾 貓咪冬天易有尿道問題怎麼辦？

冬天的時候貓咪會因為水很冰而不肯喝水。由於有尿道問題的貓咪很多，所以在此簡單述說一下成因及預防方法。

尿道膀胱問題主要的病徵多半是頻尿、血尿或蹲很久只有一點點尿或沒有尿出來。

母貓多半是尿道炎，尿道炎、膀胱炎的症狀包括了全部上面所提及的頻尿、血尿、加上尿不出來。因為其尿道較短，開口又靠近肛門，細菌比較容易入侵。且母貓尿完有時又會自己舔會陰部，造成口水內的細菌入侵尿道或陰道。

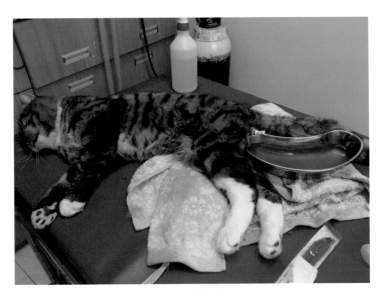

尿血尿的貓

公貓和只有血尿而無頻尿的貓，通常是有尿道或膀胱結晶或結石。結石和結晶與吃沙子或貓砂沒有關係。由於公貓的尿道較長，

比較少機會罹患單純尿道炎。通常是因為結晶或石頭刮損尿道、膀胱，造成趁機而入的細菌感染，進而產生的尿道症狀。公貓如果突然間完全沒有尿滴出，建議六個鐘頭內儘快看醫生，因為可能尿道已經完全堵塞。若堵塞超過八個鐘頭之後，貓咪或多或少會開始中尿毒了，會開始不吃東西及嘔吐！

尿道炎及膀胱結晶石的原因都差不多，以下簡略說明：

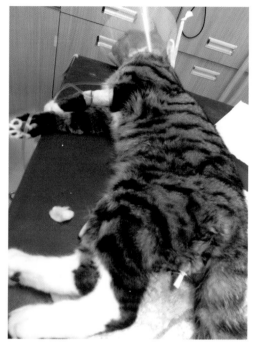

尿血尿的貓

1. **水喝得少**：冬天水太冰，特別是就貓咪而言。有些貓只喜歡喝流動的水。

2. **忍尿**：貓咪會因為貓砂太髒，主人太懶，不常清理而憋尿！建議一天最少清三次。尿尿時被洗衣機或其他突然大聲的東西嚇到，也會讓貓咪對上廁所產生恐懼。

3. **食物太雜**：通常吃很多零食的貓咪比較容易有膀胱結石的問題。可能是因為零食裡面結晶石成分比較高。另外，喝礦泉水的貓咪當然會因為水質裡的礦物質太高，更加容易有膀胱結晶、結石。

4. **品種：**英國短毛貓，容易有膀胱結石（結晶Crystaluria）是出了名的，不一定會大到成為膀胱石，但這些結晶沙都會造成尿道堵塞。

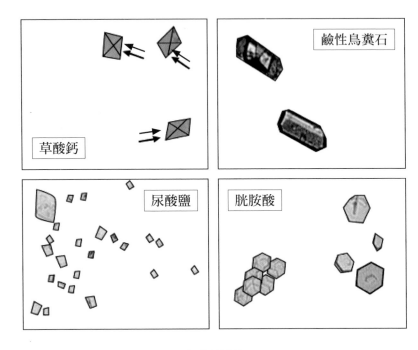

各式結晶沙

5. **公貓未結紮：**到處亂交配，傷害到自己的生殖器，之後可能又去舔，就更容易造成尿道受傷感染。

6. **肥胖：**這個不知道與結紮或零食有沒有關係，但尿道附近太多脂肪，的確會讓尿道狹窄。

預防的方法當然是從改善成因著手。

貓咪比較難灌水，所以公貓冬天我會建議多吃罐頭，配合刷牙或是提供幾粒 Hill's t/d 與 RC Dental 潔齒處方貓食。多幫貓清理或更換貓砂，家裡多擺幾盆貓砂，盡量選擇安靜且比較少人經過的地方，以免嚇到上廁所的貓咪。盡量少給貓咪吃零食，減少晶石成分的攝取，也順便減肥。

　　以上建議都能幫助減少尿道問題。

　　如果發現貓咪不斷去廁所但貓砂卻完全是乾的，那最好在四個鐘頭內看醫生。通常尿道完全堵塞的貓咪會沒什麼胃口，堵塞久了造成腹部用力久了也容易嘔吐。

　　如果貓咪尿道堵塞超過四個鐘頭以上，就會造成尿液回堵至腎臟，讓貓咪產生尿毒現象。這時腎臟排不出尿液，會造成貓咪鉀離子不平衡，導致肌肉無力。

　　因此如果貓咪來看診時已經沒什麼力氣站起來且大力呼吸，則通常已經堵塞了很久很危險了。除了緊急通尿之外，也應該要驗血看看中尿毒及離子不平衡的程度，以便獸醫師選擇點滴的種類。

　　如果不幸貓咪中了嚴重尿毒，通常吊三天點滴，尿道通暢後，尿毒及腎指數就會降低回差不多正常的範圍。我幾乎沒有遇過貓咪因為塞尿而導致永久性腎病的例子，所以不用太擔心。

　　就算尿道真的堵塞了，也別太慌張。雖然這的確是急症，但遇到對的醫生，通常就算第一次驗血時，尿毒高到驗血機都驗不到，但依我自身經驗，基本上，所有貓在醫療三至四天後，腎指數就會完全回復正常！所以尿道堵塞雖然是急症，要盡快看醫生，但通常不是絕症，也不會有太長遠的影響。只要之後乖乖吃尿道處方食物，復發的機會並不高！

有腎臟問題的貓究竟應該吃什麼呢？

近幾年市面上興起的無穀天然糧，強調不使用加工肉品，包含雞肉粉（chicken meals）、家禽肉粉（poultry meals）、鴨肉粉（duck meals）、羊肉粉（lamb meals）、肉粉（meat meals）等，以及不含穀類、不使用防腐劑、BHA、BHT等等。

但對於腎貓或其他需要吃獸醫指示處方飼料的貓來說，處方飼料的成分相較之下容易讓人產生疑慮。醫師都建議吃腎臟病處方飼料，但是看上面的標示有酵米、玉米麩、豬脂肪、雞肉副產品、乾蛋製品、大豆纖維、脫水雞肉、魚肉、雞肝香料等，感覺不是很優質的蛋白質來源。除了低磷低鈉外，蛋白質的優劣難道不是很重要的因素嗎？

網路上一直不斷地流傳一些文章，教唆家有腎病貓的主人，不要給愛貓吃獸醫建議的腎臟病處方貓食，這樣的觀念究竟是對還是錯呢？

沒錯，貓咪需要一定的蛋白質攝取，才能維持本身肌肉的健康，但是過多的蛋白質究竟會不會傷腎呢？這很難講！目前的學說主張，只要不要多得太誇張，其實並不會影響腎臟。

既然如此，為何會有獸醫建議提供腎病貓處方貓食呢？其實腎臟病處方貓食上標註的 Restricted protein level 是指「限制蛋白含量」，不是指低蛋白，而是不要提供過多的蛋白及限制磷酸含量。

腎臟病處方貓食經過許多研究報告證實，的確能減緩貓咪血液中的氮廢物含量及延長貓咪的壽命。不過這種處方貓食似乎滿難吃的，這就是永遠的難題。你想要你的貓咪吃的不開心但是活得長壽些呢？還是吃得開開心心但壽命可能相對沒那麼久呢？這個問題

可能只有主人自己能回答！

　　我們獸醫並不會因為賣腎臟病處方貓食而多賺你多少錢，其實真的只是為了貓咪好。願不願意給貓咪吃腎臟病處方貓食的這個決定權，還是完全交在主人自己的手上，飼主們可以好好思考過後再做決定。

　　另外，網路文章大多會提到，很多處方貓食都是用Animal by-product（動物副產品）來製造，這些蛋白似乎對動物不好。

　　這裡我必須提一提，由於獸醫處方食品需要經過驗證，因此對於成分的標籤也相對嚴格。相較於其他寵物食品只需要標記大概從什麼動物身上來就好的模糊標籤來說，當然獸醫處方食品的標籤會詳細很多！

　　所謂的副產品就是一般外國人不會食用的地方，如內臟、骨髓等等，但其實這些部位華人也會吃，所以是否真的對動物不好實在也很難講。而以演化的觀點來看，其實狗狗貓咪自從跟人類一起生活之後，人類也通常是將狩獵到的動物剩餘的內臟或骨頭之類的食物留給貓咪狗狗食用，因此寵物其實原本就習慣食用所謂的動物副產品，並沒有蛋白質優劣之分。

　　而外面賣的普通貓食，由於標籤管制並不嚴格，什麼純天然、有機，其實並沒有太多機構進行嚴密地監控，因此很多都包裝得很好，成分什麼都寫天然的，事實上內含物到底是什麼根本沒人知道，只怕比動物副產品更差的成分都有！至少處方食品算是藥物，有FDA等機構進行測試及監控，我們獸醫只能推薦這些食品。至於自己弄鮮食當然更好，絕對無添加。但如果是腎病貓，得限制蛋白含量及磷酸含量，因此除非有專業營養師調配，否則還是建議乖乖吃處方貓食！

貓咪飼養 Q & A

　　這裡整理出網路上飼主時常詢問的相關問題給讀者做參考。由於每一種疾病與貓咪健康狀態各有不同，因此當發現愛貓出現疾病徵兆時，請務必先送至動物醫院做檢查治療。

 是什麼有可能引致尿石？

 尿道炎會增加鹼性炎症晶石形成的機會。

 為什麼貓咪使用過貓砂後都沒有水痕和凝結？

 討論了許多貓咪尿結石或膀胱炎尿道炎的成因，下次再見到貓咪頻頻去廁所就也不用太過於擔心。首先確認是否有尿液，排出一滴也好！這代表尿道沒有完全被堵塞住。但如果完全沒有尿溼貓砂，請盡快帶愛貓就醫！

 有什麼方法可以幫助愛貓減少泌尿道症狀復發？

 貓咪有泌尿道症狀可以靠多灌水、吃罐頭、打點滴、努力清貓砂、換貓砂等非抗生素的醫療方式解決。如果超過三日仍有持續泌尿道症狀，建議看醫生打針吃藥會好得比較快一些。
有些貓咪打針吃藥還是好不了，原因是醫生用錯藥！抗生素不是每種都能在尿裡產生效果。要知道，尿液是經腎臟過濾不要的廢水，因此很多抗生素被代謝後排出的成分已經殺不死尿液中的細菌，我的經驗是提供 10 至 14 天的 Enroflaxacin（恩諾沙星）對尿道炎膀胱炎的細菌相當有效！

Q 有獸醫講過公貓愈早結紮，尿道愈容易出現問題（尿道炎、血尿、結晶石）！真的嗎？

A 公貓結紮容易造成肥胖及陰莖會比較短小，因此患尿道問題的機會的確會比較高，但未結紮則會因為四處交配而弄傷生殖器，加上會舔陰莖，造成陰莖水腫，下場仍然是尿道問題及塞尿，兩者的機會差不多！

Q 你好，醫生！家中有兩隻貓，一公一母。四歲半的貓在九月時尿道阻塞。照超音波發現膀胱結晶（磷酸銨鎂），住院導尿七天。出院後一直吃s/o lp34處方飼料。期間一直驗尿，確實無結晶。十二月開始頻尿，情況時好時壞。一月轉看第二個醫生，情況一樣。二月發現地下有滴血，生殖器也有血。驗血、驗尿、照X光，無結石。懷疑是自發性膀胱炎。回家吃止痛藥與Feliway。已轉全濕飼料（不是處方飼料，因為牠不吃）。上星期五再去醫院照X光、超音波、驗尿、驗血，無結石，但超音波內見到疑似細胞脫落的東西。入院導尿。種菌結果：無細菌。前日出院，這次還開了抗生素。出院前，醫生再次驗尿。用顯微鏡看到有菌，尿袋亦有好多白色殘渣，於是再送去種菌。星期二晚上尿量多，正常。前晚開始又頻尿，排便了五次。近來發現牠小完便，會去排便。臨睡前，鏟了貓砂觀察。今早起身，發現有六球大小尚可的便便，3個乒乓球大小的小便，有的便便很爛。今早見到泡泡上有血尿。請問我應該怎麼辦？不可以再入院又出院了！我相信對牠未必是好事。餵食Cystaid可以嗎？

A 1.導尿最多三天，超過三天只會增加尿道炎的風險，沒有必要！
2.很明顯妳的貓咪有FLUT，長期結晶造成的尿道炎。先依照種菌結果，乖乖吃有效的抗生素兩個星期。Cystaid其實用處不大，只是輔助，重點是要消滅細菌及減少晶石。
當所有治療都沒效的時候，可能尿沙太多，需要尿道再造口或膀胱手術洗乾淨。通常第一次導尿的時候，就會幫妳洗一次膀胱了，不知道他們有沒有這樣做。超音波見不到細胞脫落，很可能是沙。膀胱裡面可能有不少大粒的沙排不出來。不到石頭這麼大，但也無法從尿道排出，所以驗尿驗不到。只能動膀胱手術洗乾淨！

Q 你好！新的種菌結果出來了——有細菌。現已服用新的抗生素。第一次導尿同第二次導尿都有用鹽水清洗膀胱。第一次導尿，尿液很明顯有沙排出（結晶？）第二次導尿，尿液無沙、無結晶、什麼都沒有。會不會是膀胱發炎剝落的細胞呢？導尿會損害尿道。尿道造口也有後遺症，也會復發，有無藥物可以幫助？

A 無結晶排出，不代表膀胱裡面沒有大顆排不出的！如果真的是鳥糞石結晶，可以吃一個月的 Hill's s/d 處方飼料，看看是否可以慢慢溶解大顆的鳥糞晶石。如果再照超音波還是有懸浮物，就需要手術洗膀胱，不是單純洗導尿管，因為晶石有時候太大而通不過導尿管。或甚至要尿道造口，這也是沒辦法的！建議先換 Hilll's s/d 溶解結晶飼料。

Q 我的愛貓有時尿尿正常、有時尿得很少、有時會帶一點血。貓砂盆是用紙砂。如果給醫生驗尿，實在裝不到尿，這時要要怎麼辦？謝謝幫忙解答！

A 獸醫有賣會吸水的貓砂，但請先將貓砂盆或貓砂盤清洗乾淨，不然太多雜質，很難看清楚。

Q 醫生，如果貓咪不肯吃處方飼料怎麼辦呀？有藥物可以吃嗎？

A 維他命Ｃ可以將尿液變酸，以溶解晶石，但效果並沒有處方飼料這麼好！

腫瘤篇

 大胸部真的是好事嗎？探討為何母貓易患乳癌

乳房——母親的象徵。但當人類破壞大自然的規律，不給貓生寶寶的時候，乳癌出現的機率就大增了！

很多人都不知道，貓咪要嘛就早點結紮，最好在第一次發情之前做；要嘛就早點生。很多人自認為是自然主義者，不願意幫自己的貓咪結紮，一方面又違反自然法則，不讓母貓生小寶寶。這樣一來，賀爾蒙週期性不斷刺激乳腺細胞，這些細胞又沒有在生產乳汁，最後常常就變成了腫瘤細胞。

貓咪不會有經期，但會在季節內不斷發情。貓咪是靠日照長短來判斷季節，正常來說，當日照變長就是春天到了，貓咪就會開始發情，但除了溫室效應之外，臺灣與香港大部分的貓咪都是養在室內。室內如果長期開著日光燈則會造成日照變長的假象，令貓咪無時無刻都在發情，很多貓咪現在幾乎一年四季都在叫春、叫夏、叫秋、叫冬，沒完沒了，因此早點幫貓咪結紮絕對是對大家都有好處的事！

很奇特地一點反而是，生過寶寶的母貓得乳癌的機會比沒生過的小。可見上天給予我們的每個器官都有用。當妳不用它的時候，它反而容易出問題！

　　狗的乳房腫瘤大部分是良性的，但貓咪的乳房腫瘤幾乎都是惡性的。所以雖然貓咪不會來月經，但更應該早點結紮！

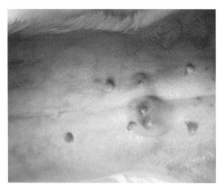

乳癌的狀況　　　　　　　　單邊乳房切除手術縫合後

　　圖片是單邊乳房切除手術。由於乳房血液供應充沛，所以這個手術出血的情況相當恐怖！算是一個相當血腥的手術。

　　通常有乳癌的貓都不只單邊乳房有腫瘤，但如果兩邊乳房一起切，縫捕的皮膚會不夠，所以可以做的通常是先切一邊，等好一點再切另外一邊。

　　乳癌時常轉移到腋下的淋巴節或偶爾會轉移到跨下淋巴結。手術之前通常會建議照張胸腔X光，看看有沒有轉移到肺部。因為如果已經轉移到肺部了，那什麼手術都真的等於白做了。

貓咪飼養 Q&A

　　這裡整理出網路上飼主時常詢問的相關問題給讀者做參考。由於每一種疾病與貓咪健康狀態各有不同，因此當發現愛貓出現疾病徵兆時，請務必先送至動物醫院做檢查治療。

Q 請問貓咪發情要持續多久才會停？我的貓咪叫一個多月了。因為想帶牠去結紮，卻聽人說在發情期是不可以做的，會流很多血，是這樣嗎？

A 因為溫室效應及室內燈光模擬日照變長的情況，導致現在貓咪幾乎無時無刻不在發情。母貓不會有經期，只有在交配後才會排卵。雖然發情時貓咪的子宮會水腫容易斷裂，但我的經驗是主人通常都是被貓咪叫得受不了才會決定來結紮。因此只要醫生經驗足夠，其實母貓隨時都可以結紮。當然如果貓咪八個月大還沒發情，早些結紮可以預防很多母貓的疾病。

Q 古醫生，請問貓咪產檢，能檢出預產期嗎？先謝過！

A 預產期基本上就是交配後兩個月。超過一個月才能產檢。至於預產期，基本上大概都知道，乳房開始脹，開始產奶時，就快了。

🐾 腫塊＝腫瘤？

近幾年很流行做腹部超音波，可以看清楚肚子裡面的情形。但是老實說，連人的健康檢查都不會特別包括這個檢查項目，為何動物要做？

最近有幾個病例都是好端端地卻被切除了脾臟，所以我想在此大略講一下超音波容易見到的「Incidental findings」（沒什麼意義的發現）。

1. 肝臟或脾臟有腫塊

老貓或多或少在肝臟、脾臟甚至腎臟都會有一些腫塊，醫生統稱為腫瘤。但很多時候只是正常肝臟、脾臟增生、淋巴腫大或血腫，並不一定是惡性腫瘤。

很多主人只要聽到腫瘤就以為一定是惡性腫瘤，也就是癌症。其實醫生所謂的腫瘤Neoplasia，拉丁文是指新生的腫塊。

任何腫脹都可以稱之為腫瘤，直到確認為止，所以無需太擔心！如果沒有任何症狀，小過5公分的腫塊都建議先觀察一下，一個月後複診，確認有沒有變大的跡象。如果大小都沒有變化，就不需要急於開刀切除。

肝臟腫瘤可以做細針抽吸化驗，以確認為何種腫塊。但脾臟有比較大的內出血機會，所以比較不建議做細針抽吸化驗，定期超音波檢查大小就好。

這類只是增生或淋巴腫等正常問題的腫塊，卻白白挨了一刀的例子很多，勞民又傷財！

2.腎臟有水泡、輕微萎縮、腎石

對老貓而言，這些也都是非常正常的變化。

十隻受檢，十隻都會有，不用大驚小怪。只要驗血顯示腎功能正常，尿液比重不會太輕，就代表腎臟功能仍正常，只是結構上有衰退的現象。

這就像工廠外表破爛，但如果裡面員工有效率，做老闆的也不需要太過分緊張工廠員工需不需要吃補給品，因為很可能會越補越糟，或更甚者，會有些主人因此而不敢做手術去處理一些必須處理的問題。

這些顧慮完全沒有必要，因為正常的輕微萎縮、退化對於老貓而言很正常！

無論如何，很多主人現在過分擔心自己的寵物，喜歡做很多測試來嚇自己。而醫生有時候只要在講解上一提到腫瘤，主人就嚇得花容失色，但很多時候不用太擔心。

肝、脾腫塊對於老貓來說是屢見不鮮，多數腫塊到老死都不會造成任何問題。只有少部分會是惡性的血管瘤之類的腫瘤，但這些腫瘤通常大得很快。因此一個月檢查一次，如果沒有大得很快，通常都不是這些惡性腫瘤。之後每半年或一年觀察一次就好，不用急著切開，摘除脾臟。

因為最近看過幾個病例都是摘除了脾臟，但化驗報告為正常淋巴腫大或其他血腫等根本無關痛癢的事情，卻白白挨了一刀，主人更是被嚇到差點心臟病發，荷包又大失血，真正是賠了夫人又折兵，何必呢？

貓咪飼養 Q & A

這裡整理出網路上飼主時常詢問的相關問題給讀者做參考。由於每一種疾病與貓咪健康狀態各有不同,因此當發現愛貓出現疾病徵兆時,請務必先送至動物醫院做檢查治療。

 Q 你好呀,古醫生!請問什麼是脂肪瘤?需要動手術切除嗎?

 A 如果抽吸檢查後,確認是脂肪瘤,無須理會,偶爾觀察一下大小就ok了。如果突然變大很多,再考慮做切除。

基本上,貓咪皮膚上面比較少有腫塊。如果白色的貓咪愛曬太陽,則容易在耳朵邊緣等毛比較少的部位產生皮膚癌,不然大部分的貓皮膚上面的小腫塊大都是良性的。但是貓咪皮膚裡面的腫塊,如乳癌或惡性纖維瘤等多數為惡性的腫瘤,因此如果摸到貓咪皮膚裡面有硬塊則請儘快看醫生。

年紀大的高齡老貓照超音波,或多或少會照到腎臟、肝臟或脾臟有些陰影或腫塊,不用太過擔心,這是常有的事,記得要追蹤觀察大小就好。

 Q 醫生你好,我的貓有一粒乳頭有點血鼓起來,好像米的大小,另一粒有點像是水分乾了,結成乾焦狀。請問問題大嗎?要怎麼做好? Thank you !

 A 如果有同其他幼貓一起養,可能是互相吸乳頭吸到受傷。可以輕輕抹走焦塊並消毒。如果過一個星期還沒好,請去看醫生。

Q 我的小朋友在耳背有一粒芝麻大小，腋下也有兩粒芝麻大小的肉瘤，是否要割除？

A 芝麻大小通常不是脂肪瘤，而是汗腺或皮脂腺瘤。

Q 古醫生想請教惡性脂肪瘤是一開始就惡性，還是由良性變成惡性，然後極速增大呢？請問良性和惡性的分別是怎樣？先謝謝你解說！

A 大部分的腫瘤剛開始可能都是良性，經過日經月累的突變、累積才慢慢變成惡性。脂肪瘤轉移情況不大，多半是侵蝕、浸潤其他組織，所以稱之為惡性不太恰當，應該算半惡性。
良性、惡性不是看裡面有沒有血管神經，是看顯微鏡下分裂的狀況及細胞核染色體的形狀等來分辨，通常要化驗所做專門的染色才能百分之百分辨！

Q 請問貓會感染「病毒疣」嗎？

A 一般的貓不會，無須擔心。

Q 請問為什麼我家的FIV貓身上有類似「病毒疣」的物體？

A FIV的貓由於對病毒及真菌抵抗力較弱，很容易有這些東西產生，與平常的貓不同。

第 2 章

常見迷思

中藥、補品
一定比西藥好？

一般人多認為中、西藥大不同，且西藥副作用通常多又大，中藥基本上沒什麼副作用。

其實，當中藥裡面的成分被分離與證實了效果，萃取出來後就變成了西藥。換言之，西藥有副作用，中藥也有。如果吃到與西藥一樣的治療效果的劑量後，中藥的副作用可能還大一些，因為一味藥材裡面有很多其他的成分，並不單純。當其中一種成分到達藥效，其他成分有可能已經過量。所以中藥只能由低劑量慢慢吃，調理身體，而西藥卻可以直接吃到有效劑量，快速見效，如此之不同而已。

我並不是說中藥不好。畢竟中藥有幾千年的歷史，其成熟度遠超過西藥。可惜處理中藥的人素質參差不齊。要學會這麼多種藥材，不同的藥性相生相剋有多難啊？如果只單純了解藥材的基本藥性就講得天花亂墜，當然會令大眾對中藥的信心大減。

大部分的西藥也是植物或其他有機類的萃取物，卻經由反覆實驗及動物、人體實驗證實其效果。其驗證過程固然不及中藥幾千年來的長，但驗證程序比較嚴謹，誤差比較少，藥性比較清楚明瞭，

自然上手比較容易，開藥也可以比較大膽，更貼近療效！

　　說了這麼多西藥的好，但要知道，我之前其實是在實驗室做事的，知道很多藥廠都會投資科學家和實驗室，希望影響對自己產品有利的實驗論文。我相信大部分科學家都能保持中立。然而總有人會拿人錢財，與人消災。因此很多時候就連科學論文也不能盡信，特別是講到一種藥或成分多神奇的話。很有可能只是某個藥廠贊助的實驗室出爐的報告，如此而已！

　　我只是個獸醫師，海草、葡萄子、魚油等產品對我來說並不是專業。但如果你們對自己所買的成分有疑慮，可以把成分的英文名詞分享到我的網站，我幫你們找一下醫學研究的論文，看看是否有科學家證實過其療效。不過老實說，大部分都是寵物店的噱頭，因為他們沒辦法賣處方藥，只好推薦一堆補品來獲利。我也了解大家都是為寵物好，只要不傷身，我是沒有太多意見！

　　真正有實驗證明的基本上獸醫院都有賣，如Glucosamine＋Chondroitin（葡萄糖胺和軟骨素），Green lip mussels（青口素）都被證實對退化性關節炎有效。然而不少主人覺得打Pentosan（骨針）比吃藥更有效！此外魚油裡面的Omega 3 and 6 都被證實對皮膚過敏及皮膚搔癢有一定的效果，只是幾乎大部分飼料裡面都已經添加了這個成分，有沒有必要多買來補充就見仁見智了！

　　人吃深海魚油可以降低膽固醇，讓血管年輕化。但動物並沒有四、五十年可以活，血管也沒有機會被膽固醇塞住，所以就這方面而言，給貓餵食魚油並沒有意義。中風就是因腦血管被膽固醇塞住而爆開所造成，因此動物並沒有中風這回事，除非從小吃油炸的食物長大。不過我想很少主人會這麼瘋狂吧！大部分獸醫所提的中風都只是椎間盤的問題，跟中風一點關係都沒有！

不過，由於深海魚屬於食物鏈比較頂端的獵食者，因此最近很多研究報告都顯示深海魚油裡面含有大量的殺蟲劑成分。要知道，若昆蟲體內含有微量的殺蟲劑成分，則小魚吃下大量的昆蟲後，就會將這些殺蟲劑成分累積在體內。深海大魚再吃小魚就累積了更多殺蟲劑成分，因此很多魚油都被驗出含有超標的殺蟲劑劑量。

　　另外買補品的時候，記得儘量買成分單純的補品，因為每家補品公司都認為你只會買這一種吃，所以會在補品內添加很多不必要的維生素或礦物質。當過分緊張的主人買了好幾種補品給自己的貓咪吃的時候，往往會造成貓咪維生素或重金屬過量而中毒。

　　切記：補太多不是在愛貓，而是在害貓！

　　總之，歡迎大家把有疑惑的補品成分分享在我的網站上，我有空時可以幫大家查一查。這對我也有幫助。謝謝各位！

貓咪飼養 Q & A

　　這裡整理出網路上飼主時常詢問的相關問題給讀者做參考。由於每一種疾病與貓咪健康狀態各有不同，因此當發現愛貓出現疾病徵兆時，請務必先送至動物醫院做檢查治療。

Q 古醫師，您好，家裡貓咪是八個月大的虎斑貓，最近在換毛，每天都餵牠吃三顆駿寶貓草錠，這樣還須餵牠吃化毛膏嗎？貓草錠可長期每天吃嗎？對健康會有不好的影響嗎？

A 化毛膏是軟化毛髮，讓毛髮容易消化，可以正常排出而不用嘔吐出來。貓草基本上只是增加纖維，增加糞便量，讓吃純肉容易便祕的貓比較好排便，跟化毛膏是兩回事，並沒有軟化毛髮的功效。

Q 昨日看一位貓醫生，她說她有開過腎寶（Azodyl）給其他貓排毒。排毒可以幫助貓胃口好點。請問這藥好嗎？我應該提議哪種藥給貓的診治醫生？

A Azodyl是益生菌補品，調節腸胃細菌，讓腸胃少產生些尿毒，以減低因腎臟功能下降，而導致排毒下降所帶來的影響。個人認為用處普通。腎臟病都是服Fortekor為主，Azodyl同活性碳為輔。但吃Frusemide就會使排毒變差。其實吃什麼都幫助不大！

Q 想請問十六歲的貓咪可否長期食用離胺酸（Verti-Lysine）？現已吃了個半月，另外有什麼補充品可用，如維他命？離胺酸可否同維他命一起食用？謝謝回覆！

A 可以，但補品不建議重覆食用，容易造成維他命中毒。

Q 古醫生，你好。我家的十歲英短貓女，上月完成膽管閉塞手術後，現在又換腎有事了。經過差不多一星期吊點滴、打抗生素，腎功能指數沒有改善。診所也說可以做的都已做了，沒有其他可以做，叫我可以帶貓咪回家，幫牠打點滴。已心裡有數是腎衰竭。想問醫生，西醫沒希望，可以試中醫嗎？給牠靈芝、雲芝、冬蟲夏草有幫助嗎？先謝醫生解答！

A 可以試試，但小心不要給到重複的成分。有些給人服用的補品裡面會添加鈣或其他維他命。當好幾種補品都有重複添加維他命時，就可能造成維他命過量中毒，反而可能會縮短牠的壽命。

Q 古醫生你好！坊間上有一些專門針對寵物發售的中藥保健產品（例如靈芝、冬蟲夏草等）。愚昧請教一下以閣下的專業意見，認為是否有用？

A 靈芝、冬蟲夏草，根據我的經驗，都有增強免疫力及延年益壽的功效，人蔘也有。然而，靈芝種類太多、蟲草也不少假貨，所以你在寵物店買到的品質難保證。建議直接買人用的高級貨，比較可靠。不要買複方成藥，裡面可能有很多動物吸收不了，甚至有毒的成分。買單純的靈芝或冬蟲夏草是有幫助的。

Q 醫生您好，請問「離胺酸」可當保健品讓貓咪每日食用嗎？還是只有生病的貓才需要？廣告上面寫：「貓咪疱疹病毒／淚液／經常打噴涕／抗緊迫等最佳營養補充品！加強補充必需胺基酸促進生長，組織修補及增強抗體」。這是真的有效嗎？家中有隻比較容易緊張的貓咪（有陌生人到家裡，就會躲起來發抖）。「離胺酸」有安定情緒的功用，這是真的嗎？另外請問「乳鐵蛋白（Symbiotics，Lactoferrin 100%）」對於愛滋貓的口腔炎症狀，是否可改善？

A L-Lysin 並沒有神奇的功效，但這個胺基酸的確有降低疱疹病毒致病的情況。胺基酸常吃也沒有什麼副作用，所以應該 ok。乳鐵蛋白似乎有一些抗生素的功效，因此可以替代 FIV 貓咪口中缺乏的免疫系統來對抗口中的細菌，但實際的功效可能需要妳來告訴我了。我個人沒有用過。

請問三個月大或以下的貓吸不吸收得到獸醫處方飼料（Recovery）？流浪小貓過瘦應怎處理？

 如果可以明顯看到肋骨及盆骨，就是過瘦。骨架小可能只是基因或賀爾蒙問題。三個月吸收得到a/d或Recovery，不過正常來說吃幼貓飼料就夠了，無須過分擔心過瘦的問題。除非怎麼吃都胖不起來，那就得帶去給醫生看看，是否有蟲還是有賀爾蒙問題。

 古醫生，請問我的貓在幼時有扭傷腳，平時可餵食什麼補藥來增強關節或手腳的骨頭？

 你好，貓咪很少有關節問題，除非是摺耳貓。
基本上不用吃太多補品。真的想吃的話，可以買葡萄糖胺加軟骨素的關節保健食品當零食吃，但貓咪真的很少碰到需要吃的情況。如果瘸得很厲害，應該是有嚴重的骨骼問題，要看醫生。吃補品不一定有幫助。

真藥？偽藥？

又到年底，醫生要更新執照的時候了。很多藥品公司都需要看醫生執照才願意出貨，例如蚤不到（Frontline）、犬新寶（Heartgard）、寵愛（Revolution）等都是。不過奇怪地是，很多寵物店裡也可以看到這些產品的蹤跡。難不成是他們有醫生執照可以借嗎？還是其實大家都在淘寶呢？

在網上隨便搜尋一下寵愛滴劑蚤不到滴劑，都會出現一堆結果，有散裝、有盒裝；價錢有幾十元到幾百元不等。之前寵愛已經發過公函，警告買家市面上出現很多假貨，要小心。散裝更是真假難辨。不過我想現在蚤不到假貨也一定不少。

假貨滴了沒效就算了，可能還會傷及皮膚，甚而造成中毒。

大陸生產不少黑心商品，真的要小心！很多飼主跟我說滴了蚤不到還得壁蝨（牛蜱），或說滴的地方紅腫，這都是用到黑心商品的關係。我當然不是說滴正版的絕對不會中壁蝨，或正版的不會讓任何有過敏反應，但這種情形，依理論上或就我本身的經驗而言，是非常罕見的！如果在寵物店自己亂買，或上網，或以統稱「團購」的方式亂買，都很可能買到假貨。到時候，賠了夫人又折兵！

只為了省幾個小錢，傷了心愛寵物的身體，實在不值！千萬要小心啊！

奉勸各位，醫療性的藥品建議在獸醫院買比較安全。至少我還沒聽過哪位醫生，明明可以訂正版貨，卻偏偏要去網上買水貨的。所以在獸醫院買的，飼主們比較可以放心滴在心愛的寵物身上！

坊間流傳蚤不到或寵愛有毒等謬論，我相信一半是因為有人買到假貨；一半是賣不了這些藥的店在造謠，希望客人買一些非藥性的除蝨、除蚤劑。

我看過不少什麼所謂的「草本驅蝨、驅壁蝨劑」，成分根本只是香茅之類的東西，什麼都驅不了。

也別忘了看清楚每一種藥物的適用範圍，例如寵愛什麼都防，就是不防壁蝨！所以不要再想著用寵愛防壁蝨了！

正版貨都會附上貼紙及印章等證明

貓咪飼養Q&A

　　這裡整理出網路上飼主時常詢問的相關問題給讀者做參考。由於每一種疾病與貓咪健康狀態各有不同，因此當發現愛貓出現疾病徵兆時，請務必先送至動物醫院做檢查治療。

 蚤不到滴劑（Frontline）本身安全嗎？我真的懷疑。

 蚤不到滴劑的成分Fipronil 是神經毒性GABA receptor的刺激劑，但哺乳動物的GABA 接收器對這個藥品不敏感，相反地昆蟲的神經系統對這個非常敏感，因此昆蟲只要吸入微量，就會死亡。
目前還沒聽過有貓咪滴了Frontline後抽筋死亡的例子。當然所有藥物都不可能百分之百安全。不過與其他昆蟲藥物相比，如Amitraz（寵物店常用在牛奶浴及頸圈）及有機磷等藥物還是安全得多，因為其他這些藥物只要貓咪吃到一點點，都有可能中毒。
此外，相對於得到壁蝨（牛蜱）性貧血，甚至死亡等副作用，就更是沒得比！因此儘管選擇用不用在飼主，但就我目前搜尋到有關Fipronil toxicity in dogs方面的研究論文看來，基本上大部分都言及Fipronil用在哺乳動物身上是ok的。

買名貓（品種貓）
比較好？

　　由於大部分的名貓育種戶都會追求特定的特徵，如鼻子較扁、臉較方等等。而大部分的祖系又都是進口而來的，通常只有幾隻有這種特別的特性，因此這幾隻種貓的後代常常會有近親交配的情況，很容易有比較多的遺傳性問題產生，如先天性腎臟病、先天性心臟病、水腦症、自我免疫或其他問題。

　　最出名的就是折耳貓，大多都有關節問題及心臟病。很多英短也有心臟問題，在家裡玩得太瘋狂可能會突然暴斃。有些波斯貓有先天性多囊腎臟病，年紀輕輕就腎衰竭。

　　許多名種貓雖然真的很可愛、個性很好，但健康方面通常比在外面風吹雨打的米克斯貓要弱一些。

　　不過最近也有很多認真的育種者自己進口不同國家的種貓來繁殖，這樣造成基因的問題機率就相對減少。

離胺酸（Lysine）
加重貓瘟？

　　曾經遇到幾個熱心的主人，拿了一些研究報告給我看，有一篇說離胺酸（Lysine）不但對貓瘟沒有幫助，還會讓貓瘟更嚴重。

　　做為一個曾經每日每夜寫研究報告的宅男研究員的我來說，這些報告很容易就看出有嚴重偏頗之虞！離胺酸雖然只是一個簡單的胺基酸，但在人類皰疹感染治療上面有顯著功效，而貓感冒多半也是皰疹病毒感染，因此很多獸醫都會開這個胺基酸來給貓咪補充對抗這個病毒的免疫力！

　　這篇研究報告最重要的問題在於樣本數，也就是說參與研究的動物數量。這在獸醫界是個滿大的問題。這個貓瘟的研究是在流浪貓咪收容所做的，只有四十隻貓參與研究，研究的期限也只有十五天。到第十五天，將近四分之三的貓咪都被安樂死了，所以根本剩不到幾隻貓。這樣的研究就會產生嚴重的偏頗，因為數量太少了。只要隨機有一隻感染了，可能就會從0變成25%，而且由於是收容所，環境無法好好控制，通風、集體免疫的問題等等都會干擾到研究結果，因此可信度完全不成立。

　　我認為任何好的研究報告，至少需要有上千隻動物參加，才稍

微有可信度，而不會因為隨機變化，破壞了結果。

　　樣本數高的實驗則會因為偶發事件所產生的變數，相對被沖淡了而變得不明顯，使得明顯的分別大多是真正的結果，而不是因為偶發事件所產生的誤差。不過很多獸醫的研究報告很誇張，是將以前醫院記錄做整理，所產生的後製報告。

　　這種研究報告通常數量很多，但由於環境沒有控制好，因此很容易造成偏差。

　　例如有報告顯示，做結紮的狗狗容易得癌症。但通常會幫動物做結紮的主人都是比較負責任也比較信任醫生的主人，遇到問題也會去找醫生追根究底。反觀很多主張不結紮的主人，通常採取比較放任的態度，動物生病了也不一定看醫生，就算看醫生也不一定會願意做組織切片做癌症的診斷，更別提可能很多動物早就因為其他問題而被這些主人埋在自家後院了。

　　因此這些沒做結紮的狗狗，在醫院的病歷資料裡面被確診為腫瘤的機會就相對來得低，並不代表他們不會生腫瘤，只是沒有被確診而已。

　　所以各位主人真的要注意，看報告不能只看標題，要仔細看看它們的數據，再用自己的大腦好好思考這麼做是否值得信任。

　　最後總結一句，貓瘟時餵食離胺酸，絕對好處多過壞處。

打晶片會造成腫瘤？

有人要我評論這篇講述不要讓動物打晶片，否則會造成腫瘤的文章：

的確，晶片是異物，注射異物有機會造成附近的組織有慢性的炎症反應，而慢慢變成纖維瘤等腫瘤。不過這類瘤通常是良性的！常打針的地方，也容易因為炎症反應，而形成纖維瘤。

　　貓咪晶片在香港不是必須，所以打不打並不像狗一樣有很多爭議！但是貓咪跟狗不同的地方在於，對於各種各類的預防針，甚至類固醇消炎針，都很容易形成惡性纖維瘤。

　　注意，是惡性的！

　　而且通常四分之一的貓發現的時候，都已經轉移到肺部了，所以貓咪的預防針要慎打！

　　在美國，狂犬病及 FeLV 白血病疫苗會施打在貓咪不同的腳上，以確認究竟是哪種預防針造成纖維瘤的。後來發現，不論是施打狂犬病、類固醇及白血病疫苗，都有機率在貓咪身上造成惡性纖維瘤。單純注射預防針相對來講比較好，但沒有任何一種預防針是絕對安全的。

　　原則上在晶片與預防針的部分，還是要請飼主依自身需要決定是否接種，貓咪是否會亂跑？飼主工作環境的複雜程度？平日是否容易接觸到病貓？家中的環境清潔狀況等，來決定是否有必要做晶片與預防針的接種。

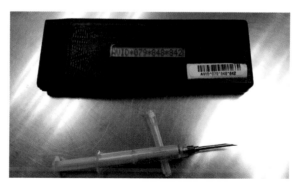

植入晶片的注射器

打預防針會造成
免疫系統問題？

其實很多預防針的效果可能都可以超過一年，不過並沒有研究顯示可以三年甚至五年才打一次。貓咪生涯的一年等於人的七年，打預防針的時候，獸醫們通常都會很快地幫貓咪做個全身檢查，包括牙齒、耳朵、心臟，及摸摸有沒有腫瘤等等。

請問七年幫貓咪做一次健康檢查過分了嗎？

打預防針的普及率很高，但是有免疫性貧血或血小板問題者少之又少。目前沒有研究顯示有哪一個免疫系統的問題可以直接和施打預防針相連。

的確，很多有免疫系統問題的案例都曾經打過預防針，但說真的，很多打過預防針的寵物都很肥胖，難道也要說打預防針會造成肥胖嗎？這種推論並不合理，有更多打過預防針的寵物終身都沒有免疫系統問題。

事實上，品種、基因、食物、生活習慣等等很多因素都可能會造成腫瘤或免疫系統問題，人也是如此。不要當出現問題的時候，就一定要找一些東西來背黑鍋。

總之，如果真的有可信賴的研究證明預防針會造成免疫系統問

題，我也願意接受。但在沒有任何證據證明這個無聊的推論之前，為了預防重於治療的疾病觀念，以及一年一次的健康檢查，我是覺得每年到獸醫院注射一次疫苗沒有什麼好值得偷懶的。不要到時候獸醫得將貓瘟和腸病毒列入老貓感冒、流鼻水或腹瀉的診斷之一。

不要懷疑，我曾經醫治過好幾隻超過十歲還中貓瘟、腸病毒的病例！

貓瘟什麼年紀都有機會得到，預防針通常是減輕貓瘟的症狀，並不是完全預防。

目前市面上預防針的種類有很多，像是常見的三合一，裡面全部是病毒，免疫系統對病毒的記憶力比較長。四合一裡面通常會多加一種衣原體的細菌，衣原體也是造成貓瘟的三個兇手之一。免疫系統對這種細菌的記憶力較短，預防力也較差。

而五合一的貓疫苗我認為是最不應該打的，因為第五種是貓白血病病毒疫苗。這個疫苗在很多的研究中都顯示容易造成腫瘤。美國的貓咪狂犬病疫苗會打在一隻腳，將白血病疫苗打在另一隻腳，普通預防針打在第三隻腳，以此類推，因而發現狂犬病疫苗及白血病疫苗比較容易令貓咪產生腫瘤。

因此我主要會建議打三合一或四合一就好，不是什麼東西都數大便是美。

高壓氧是
騙錢的玩意兒？

　　我承認我第一次聽到「高壓氧治療」這個名詞的時候，由於學校沒有教過，我也嗤之以鼻。感覺又是不肖商人的噱頭，並沒有多加理會。畢竟市面上的另類治療法太多了，真正經過證實有用的卻沒幾個。

　　幾個月後我換了東家，這間診所裡有個龐然大物，占了一整間房——高壓氧！拆又不是，丟又不是，好苦惱。怎會有人這麼無聊花大錢買個這種東西回來浪費空間！

香港唯一給大型狗使用的高壓氧艙

前幾天有人在部落格又問起高壓氧的問題，於是我覺得應該是我研究一下這個東西有什麼神奇用處的時候了！

上網一看，才發現原來在人醫的領域，高壓氧真有神奇的用處，而且已經被使用了好多年了！高壓氧最神奇的地方是可以刺激神經細胞活化，幫助因中風而腦部受損的病人修復神經細胞，快速回復活動的能力。

翻開科學期刊，滿多討論高壓氧療效的內容，大多都是在討論人中風後高壓氧所帶來的療效。甚至有研究報告指出，受傷或手術前進行高壓氧有助於之後的恢復，並有保護的效果。大部分的研究都顯示有做高壓氧的中風病患，在一個月及六個月的時候，癱瘓的行動力遠優於沒有做高壓氧的中風病患，大多可以在六個月內用癱瘓的手拿筆寫字。即使是動手術清除腦內血塊，做高壓氧的病患恢復力也是優於其他患者，因此如果貓咪有脊椎或腦部受傷問題，都可以試試高壓氧。

動物沒有中風這個問題。人類的中風其實是腦血管內長期有膽固醇及其他垃圾堆積，導致腦血管堵塞硬化。病人如果突然驚嚇、氣憤、緊張、或打了個噴嚏，導致瞬間血壓上升，這個有問題的腦血管就會突然破裂，導致腦溢血而使腦壓升高，壓迫到部分的腦部，最後被血塊壓迫的腦部神經壞死，造成癱瘓或更嚴重的問題。

由於貓咪基本上不吃油炸的東西，也沒有幾十年壽命可以讓膽固醇慢慢堆積，所以貓咪通常沒有中風這種問題。

貓咪所謂的中風其實都是椎間盤的問題，無論是頸椎或腰椎。貓咪腦部如果有血塊，大部分是撞車，或其他嚴重的意外造成的。由於很多貓咪容易打架造成外傷，或從高處跌落骨折，需要做手術。這時，高壓氧可以加速皮膚傷口與骨折的位置癒合，因此對於

許多剛剛受到外傷的貓咪來說，高壓氧可助一臂之力！

　　其實，如今不少研究報告顯示高壓氧對無論是剛剛受傷或是受傷一段時間的患者都一樣有效。這麼神奇的東西，我卻一直以為只是個騙人的玩意。更證明了人真的要不斷吸收新知識，不能故步自封啊！

　　高壓氧主要是用高壓將氧氣灌輸進全身細胞內，可以促進長期不癒合或壞死的組織癒合、活化。對骨折的病患也有幫助、對長期有傷口的病人更有顯著的幫助、對剛做完大手術的病人尤其有好處，能促進傷口癒合及受傷的組織修復。

　　很多貓年紀大了，開始神經退化，以致出現看不清楚、聽不清楚、原地打轉、走進角落卻走不出來、怕黑、半夜哀鳴等等症狀。這類症狀都可以試試高壓氧，活化已經老化休眠的神經細胞，症狀可能會慢慢好轉一些。

　　會不會有副作用？暫時沒聽過。不過由於是在一個密閉的高壓艙內，所以如果病患病得很重，要做急救都需要先安撫其壓力才能做，這樣的病患在高壓艙裡可能有其風險。另外，對患有「幽閉恐懼症」的患者，也應慎重！

術後應留院或
返家休養？

　　以前總覺得寵物做完手術後何必留院，只不過是又一項賺錢的噱頭罷了！理論上，貓咪、狗狗做完手術後，回家會讓牠們比較安心，因為壓力較小，回復得比較快，也比較快開始肯吃東西，因此我一向都是希望寵物們沒大事就不要留院。

　　但最近，卻無奈地發現原來的做法有修正的必要。

　　原因有三：

1. 有些飼主對傷口不甚了解，一見到紅腫就以為是發炎、感染，加上也一知半解的朋友、網友們七嘴八舌地給意見，往往亂了陣腳，立刻轉換另一位醫生讓寶貝再經過一次麻醉、洗傷口、縫合，結果造成寵物又白受了一次罪，而主人也多花了不少冤枉錢！

2. 主人未曾見過手術後血腫的傷口，在家裡容易搞到自己很緊張，連帶寵物也一起緊張，反而帶來更大的壓力，無法安心養傷。

3. 主人心太軟，見寶貝一副可憐樣，就捨不得幫牠們帶頭罩，結果搞到小朋友一直舔傷口，紅腫得更嚴重。

事實上，我做過不下十萬件手術。只要主人幫做完手術後的寶貝乖乖地帶頭罩（不是軟的，是可以彎曲的頭罩），傷口沒有沾到尿或洗毛劑的話都不會有什麼問題。唯一一次縫合有問題的情形是因為傷口生蛆造成爛肉，由於主人無法將其寶貝控制在室內所造成。除此之外，只要主人完全按指示給寶貝餵食消炎藥，傷口感染的機會小於0.1%，也只發生過兩、三次。多數都是手術完，傷口血腫，或有線頭未清。血腫通常兩、三日後就消腫沒事了，線頭也只要取出即可。

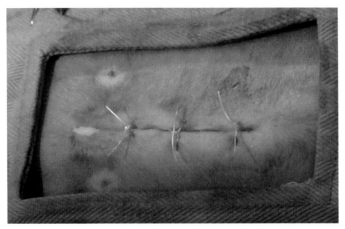

傷口外的非溶解性皮膚線。不過就算沒有皮膚線也還好，因為傷口已經藉由皮下縫線而密合，皮膚線只是保險而已。

　　另外提一下，基本上大部分的開腹手術都會需要縫三層線。

　　最重要的是第一層肌肉層。通常會用粗的溶解線來縫，以確保肌肉層不會爆開或提前溶解。若是不這麼做，若是肌肉層爆開必須再做一次手術補回，不然會造成疝氣，或是腸子、肝臟、脾臟甚至膀胱露出而造成壞死，有生命危險。

第二層是皮下。這層通常會用細的溶解線來縫，主要目的是減少皮下空間，減少積液造成的感染或血腫。

很多醫生只會縫到兩層而已，主人也滿心歡喜地以為不用拆線是高級的縫合技巧。不過由於皮下縫合線比較細，遇到口水裡或細菌產生的酵素可能會造成溶解線提前溶解，因此我看過很多動物因為傷口感染或沒帶頭罩而造成傷口爆開。

小傷口可以當作開放式傷口處理，但如果完全爆開的大傷口，那可能又要麻醉一次再做縫合，所以通常我們都習慣在最外層的皮膚上再加一層不會溶解的線，以確保傷口不會完全爆開。所以不要以為用需要拆線的皮膚線的醫生技術不好，其實很多時候不用拆線反而有爆傷口的危機。

儘管手術後並無留院養傷的必要性，然而如果飼主是不求甚解卻又疑心重重型，或者飼主是緊張兮兮，往往弄得人、寵兩翻型，又或是心太軟，捨不得寶貝受苦而無法嚴格依醫生囑咐執行的類型，只好不得已建議這些飼主，若小朋友手術的傷口超過兩公分，一律將寶貝留院靜養。這樣飼主雖多花了一些銀子，卻對雙方都好，並可使某些立意良善的獸醫免受不白之冤！

打針、手術價差與
其品質關係不大？

　　最近接到不少電話，直接來問手術洗牙或打針價錢。我認為很
多東西比較一下價錢無可厚非，但要小心陷阱。

　　貪小便宜，通常得不償失！

陷阱一：打針好便宜啊！

　　有些獸醫院以打預防針便宜而出名，但我幾個去過的飼主都
說，每次去打針後的診療費都要另外多收到六、七百元港幣，跟想
像的差很多。

　　為何會有這種落差呢？

　　基本上，有些獸醫的打針及診療費大多是不包括任何多餘的檢
查。拿耳鏡照一下耳朵要收錢、看一看眼睛要收錢、連照個紫外光
燈都要收錢。而且很多醫生是不問你要不要做，也不會跟你說要多
少錢就直接做。像是有客人就會說，某醫生看看耳朵說很髒，也沒
問他就直接夾耳屎出來用顯微鏡看。看了以後說細菌很多，要開洗
耳液及耳藥水，所以打個針就變成六、七百元的事了！也有些獸醫
診療費可能貴一些，但通常會一併做些無須成本的檢查，如看眼

睛、看耳朵及照紫外光等。

所以如果單問打針價錢或看診價錢，可能會被誤導。

而醫生做任何動作之前，你應該都要問清楚需不需要另外收錢，免得荷包受損，即使飼主不懂也應該問清楚，究竟檢查是為了什麼，對治療方向有何作用！

很多檢查其實是不需要的，例如夾耳屎用顯微鏡看，耳屎裡面一定有細菌，就算沒有發炎，也會有細菌。至於耳疥蟲，通常用看都看得到，也無須夾耳屎。

陷阱二：手術價錢怎麼差這麼多？

很多手術，例如膝蓋骨手術及十字韌帶手術方法非常多。如果手術時偷工減料，或只做一半，又或者用便宜的方法做，價錢就會差很多！所以做任何手術之前，要問清楚怎麼做。像是十字韌帶的手術，用釣魚線材質是最便宜的，但現在貴一些的都是用TTA，由於有金屬植入，所以會比較貴。做之前，應該問清楚！

1 不同的治療方式，收費也會有差異，例如左邊為震動式的電鋸，不傷軟組織。右邊為舊式鎚子與鑿子，容易敲裂骨頭。
2 骨折時可以用鋼針及鋼線固定，有時可能會有旋轉性的不穩定。
3 骨折時用鋼板及螺絲固定會更穩固。

此外，很多地方的手術費是不包括麻醉費等其他雜費的。我曾經看過某獸醫機構的手術費，竟然連一個螺絲、一條手術線都分開計算，密密麻麻，所以最後手術費當然會跟當初報價有天壤之別。

　　最後，有些醫生在做完手術後會讓動物留院幾天。留院費也有不同。有些醫院是定價，包括普通針藥。但大部分的獸醫院都是分開計算，住院歸住院，鹽水點滴另外計算，所有針藥都再附加上去。更甚者，還有每日醫生巡房費！我有時候看到其他主人看診的帳單都傻眼。

　　當然還有許許多多其他的陷阱，不過最常見的仍是看診手術及留院價錢上的陷阱。建議大家選醫生的時候，儘量不要貪小便宜；而醫生無論做任何事，都建議你問清楚需不需要加錢及對診斷或治療有何幫助。不用做無謂的檢查。這些都是避免到最後拿到帳單，才血壓升高要昏倒，或是跟醫生、護士吵架的好方法，否則等到所有程序都已經做了，錢也不能不給。還是事前了解比較實際！希望這樣也能減少大眾對於獸醫都是死要錢的錯誤印象。

動物溝通（傳心）師
真的有那麼神？

　　關於這一篇，我其實思考了好久到底要不要寫，我知道一定會觸怒到某些人，不過思考過後，我認為該說的還是要說。

　　不論是寵物溝通或傳心什麼的，這個世上或許可能有一、兩個天賦異稟，可以完全體會到寵物心裡所想的人，但是更多都是利用我們這些獸醫也可以做到的方式，像是從寵物的表情變化、瞳孔大小、耳朵位置或姿勢等等細微處的觀察來分析寵物的心理狀態，就說自己能和寵物溝通傳心。

　　另外，只要是有研究過動物行為學者，在聽飼主問的問題及觀察飼主和寵物之間的互動，基本上都可以大概抓到問題的所在。

　　我時常出診到寵物的家裡，只要在寵物最自然舒適的環境下觀察牠們，就可以體會到很多寵物的問題，這個我自己都做得到，不用什麼大神通還是超能力。

　　至於寵物過世後再來胡言亂語說自己能傳心或通靈的人，對我來說，你們唯一的功能就只有安慰飼主，那些說自己有哪些神通能怎麼幫助過世寵物的這些人，信者恆信，但我絕對嗤之以鼻！

　　絕大多數的溝通師其實跟人的算命師沒兩樣，都是從言談中慢

慢摸索飼主的生活習性，慢慢了解飼主對寵物的內疚所在，也就是為何要來找溝通師的理由，再從這個弱點出發，慢慢引導到飼主心裡覺得對寵物最照顧不周的地方。

而人本身就會有對號入座的心態，說對了你覺得好準，說得不對也會自己找理由自圓其說，或溝通師會幫你找理由圓……最後無論說了什麼飼主都會覺得好準。除非錯得太離譜，不然基本上很多人都會輕易相信。

之前在個人的粉絲頁有發表過類似的文章，引起很大的討論迴響。因為寵物溝通這個領域在目前並沒有科學的認證，因此我願意提供機會和科學的方式給這些溝通師來證明自己，細節如何呈現可以商討，但絕對要做到公平、公正、公開，而不是給予模稜兩可的答案或拐彎抹角的回答。

如果有科學的證據請提供 Nature 或 Science 等科學期刊內的證明，而不是休閒生活的小報與雜誌。基本上九成以上跟溝通師求助的飼主，都是為了寵物行為上的問題，只要透過飼主自己對寵物做心態的調整與生活上的小改變都可以解決，重點是有沒有用心去了解自己的寵物。

如果有溝通師想要證明自己，竭誠歡迎與我聯絡商討科學論證的細節，只要能證明你真的有與寵物溝通的能力，我不但會推崇你，還會幫你背書，碰到解決不了的問題更會尋求你的協助。

雖然這一篇內容寫得這麼明白，但是相信的人還是會去找溝通師，而且針對我提出科學論證的提議，相信很多溝通師都會用一句「何必跟這些人一般見識」，或是他們是做功德，並不在意這個社會的名利等話術帶過，所以對這些所謂的溝通師也沒什麼影響，反正錢和信徒都照收，不痛不癢。

最近似乎有人在進行讀心術的實驗，證明有統計學上的證據，猜對的機率可以達到70%。而我再次強調，我相信人的第六感，也就是所謂的讀心，或多或少有一些準確度。不過，我聽過的貓咪讀心所講出來的幾乎都是差不多的東西。像是主人太晚回來餵我吃飯、有陌生人出入、附近有裝修好吵、貓砂好髒我不想去裡面尿、聽到附近有其他貓咪叫，所以我要保護我的地盤等等。貓咪的各種行為成因不出其右，最後我只想告訴飼主，與其花這些冤枉錢去請溝通師，為何不多花些時間陪陪自己的寵物？為何不多帶狗狗出去跑山跑公園？自己整天玩到半夜才回來還要問為何寵物都不快樂？講穿了，狗狗不過是要人陪、一起運動、出外社交；貓咪只要吃飽喝足，偶爾有貓奴出現幫他抓一下癢。

如果你沒什麼時間陪寵物就請不要養；如果你上班時間短、放假多、又有空可以陪寵物，那就可以多養幾隻。就這麼簡單，何需找人幫你們溝通傳心？

獸醫的頭銜
愈長愈有來頭？

　　講到學歷，其實很多飼主都不太瞭解獸醫名字後面一大串英文是什麼東西。

　　簡單說，獸醫在澳洲畢業就會是BVSc（獸醫學士）。如果BVSc（Hons）或BVSc（Honours）就是榮譽獸醫學士，至少代表這個獸醫在學校有認真念書而不是打混。

　　所謂的名譽學位，是給在社會某領域有特殊貢獻的人士的一種獎勵，並不代表被授此學位的人曾經就讀過這方面的課程。名譽學位多數為榮譽博士或碩士，這些獎勵並不能出現在名片或履歷上，只能在獲獎的位置寫上此頭銜，這些人

我的英國國王學院碩士證書，碩士一定是研究的學位，因此不會有Honours的字樣出現。

也無法被尊稱為某某博士。

英國體系下的學士學位有所謂 Honours Degree 榮譽學位，要獲得這個學位除了成績要達到一定的標準外，還必須要有研究貢獻。在獸醫方面則是除了成績要達到水準之外，口試及實際開刀操作課程（Practicals）都必須全勤及通過才能取得榮譽學士學位。由於這是經由學習所得到的學位，因此可以出現在名片及履歷上面，通常後面會以 Hons. 或 Honours 結尾。

很多沒有榮譽學士的獸醫會在頭銜後面加地名，如（Syd）＝（Sydney）；（Mur）＝（Murdoch）；（Perth）；（Melb）＝（Melbourne）等。一來是想要自己的頭銜長一些；二來是讓大家知道他在哪裡畢業，並沒有多大意義。

只要是澳洲、英國、或南非的獸醫去英國獸醫協會登記，就可以成為他們的會員（院士），但每年要繳會費。這一切單純是為了名字後面可以長一些，多一個 MRCVS 的頭銜，非常的無謂！只是有些不知情的人會以為他們還去英國拿了個學位。

至於 MACVSc 就比較實際一些，是已經工作兩年以上的獸醫才能回澳洲去考。雖然基本上這類考試很簡單，有考都會過，但至少證明了這個獸醫是有經驗的獸醫。內科或外科後面還會註明 Internal medicine or Surgery。不過也有很多人懶得回去考，因為又要繳一筆錢，而且往返費時。因此缺少這個頭銜不代表該獸醫沒經驗，只是後面的 title 短一些罷了！

臺灣畢業的獸醫頭銜是 BVM 或 DVM。由於承認臺灣證書的地方還不是很多，所以可能後面就不會有太長的名銜跟著，除非進一步去讀碩士。但碩士屬於研究名銜，比較專注於一個特定的研究範圍，因此你需要看看這個醫生碩士論文是研究什麼的，才知道他

對於哪方面比較有研究。不像MACVSc等於是所有小動物內科或所有小動物外科這樣的廣泛。

美國獸醫都一定是大學畢業以後才能讀，一讀要讀七、八年。不久之後，我的母校墨爾本大學也會變成這樣。所以美國獸醫生畢業出來，就都是DVM（Doctor of Veterinary Medicine）。雖然跟臺灣獸醫頭銜一樣，取得的方式相當不同。而且要在美國執業，還需要考一個超難的NAVLE（北美獸醫考試）。

因此能在北美執業的獸醫是有一定水準的。小弟一畢業就考了NAVLE，也僥倖過關了，因為總是想著有一天要回加拿大定居。怎知一不小心，就留在香港這麼多年了！

我的澳洲獸醫學位證書，在 Bachelor of Veterinary Science 下面有小字寫明 with Honours，字體比較古老不好認。

美國也有專業獸醫的進修考試。出來後會有DACVS或其他DACV的頭銜。考試容不容易我不清楚，不過應該都需要一定的進修才能獲得。

總之，獸醫頭銜不勝枚舉，真正有意義的卻不多。

大部分獸醫因為都已經讀了四、五年才畢業，很少人會為了個沒有太多意義的頭銜，過幾年特地回澳洲再考試。寫這篇文章只是

讓飼主在選擇獸醫時，不會再因為獸醫多了個地名在後面，或者多了個無謂的MRCVS在後面，就說以為這個獸醫很厲害。

英國獸醫院士其實只要繳會費就有啦！FRCVS雖然差一個字，卻是最強的獸醫名銜。

老實說，名銜其實不是那麼重要，對動物有沒有愛心，有沒有熱情才是重點啦！

結語

最後來點感性的趣談吧！

回想起來，從小我就喜歡小動物。小學六年級時，在學校操場看到一隻小黑狗在被其他學生圍觀時，被踢被扯尾巴，我二話不說馬上上前抱住小狗，推開圍觀的學生帶回家裡頂樓偷養。由於我本身只對動物有同情心，對其他同學卻是標準的鴨霸，因此沒什麼人敢反抗我，除了我媽以外……。果然，有一天聽到小狗在樓上哀哀叫，我趕緊起床偷偷裝牛奶上去準備餵狗狗，怎知道我那更兇狠的媽媽，見到平時愛睡懶覺叫不醒的我竟然自己自動起床「裝牛奶」，馬上識破我的計謀，結果逼著我將狗狗送走，我只好將狗狗放在死黨的頂樓繼續養，只是這樣要去看狗狗就更困難了……。

還好我的死黨最後跟狗狗產生感情，好好的陪伴牠到老。上了中學，又見到有狗狗在學校流浪，這次我不敢帶狗狗回家，只能養在學校教室內，而且這次還會趁機斂財，請同學集資幫狗狗打預防針，不過我斂財的計劃很快失敗了，因為狗狗要打三針，我們班上集資的零食錢連一針都打不了，還好當時獸醫叔叔很友善，還是幫狗狗打了針，欠了他一百元，我一直記到現在，這也可能是為何我會做獸醫的因緣吧！當然，經過幾個月的飼養後，由於我訓練失敗，狗狗愈來愈大卻愈來愈不聽話，有一天在上課時，他從我座位下走了出來，老師就通知校工找了政府單位來抓走我的狗。我永遠忘不了那些人拖走狗狗時，他望著我的眼神，彷彿在問我為何會讓其他人拉他走……。之後我幾個月都睡不好，因為聽到有人說當時的流浪狗只要幾天沒人認領就會被趕進焚化爐，直接活活燒死。但我只是個中學生，對一切無能為力，但也造就了我立志將來為小動

物謀福利之心！

養狗心願儘管未盡，對小動物的喜愛卻一直深植我心。除了小狗，還陸續養過烏龜及各種魚、蝦，甚至還買過一條小青蛇當寵物，只是其際遇與養的狗不相上下。有天突然聽到媽媽一聲慘叫，知道東窗事發，又被逼著以放生收尾。

後來，在澳洲流浪動物收容所實習時，有一件工作是帶流浪狗去散步。每天早上看到神采奕奕的狗兒們，興高采烈地呼叫著，此起彼落，等著我帶牠們時，就很難過，因為這些十分健康、陽光地狗兒，如果在限期內無人認養，即會被安樂死，實在不忍心，偏偏這些狗卻完全不知牠們命在旦夕！我深覺這些棄養的飼主太狠心。這種種經驗更堅定我日後要做一位好獸醫的決心，儘量為這些寵物減少病痛。同時，在力之所及，為牠們爭取較好的生活。

本書之作，此為一重要的目的，希望大家都能共同努力。

此書之完成，父母居功厥偉。他們不但提供我多年昂貴的教育經費，也在生活及工作上充分給予支持及關心，父親更是本書的催生者。而母親，雖然仍然不贊成在家裡養狗，卻為此書花費了很多時間，不眠不休地修改。蔡嵐婷女士對此書的編排頗多貢獻，加上彭靜妍小姐畫龍點睛的繪圖，特此致謝。

當然最感激的，還是廣大的網友、寵物的飼主及關心動物疾病的諸位讀者。由於大家的互動及支持，使我有寫下去的力量，也更有為小動物的福利貢獻所學的動機。

古道寫於二〇一六年一月二十日

國家圖書館出版品預行編目資料

當心！網路害死你的貓！：古道醫生破解各種網
路謠言與疾病疑問，給你正確的醫療知識。／
古道著 . -- 初版 . -- 臺中市：晨星，2016.02
面； 公分 . --（寵物館；39）

ISBN 978-986-443-100-7（平裝）

1. 貓 2. 疾病防制

437.365　　　　　　　　　　　104027981

寵物館 39

當心！網路害死你的貓！：
古道醫生破解各種網路謠言與疾病疑問，給你正確的醫療知識

作者	古 道
主編	李 俊 翰
特約編輯	曾 怡 菁
美術設計	黃 寶 慧
封面設計	陳 其 煇
創辦人	陳銘民
發行所	晨星出版有限公司
	台中市工業區 30 路 1 號
	TEL：（04）23595820　FAX：（04）23550581
	E-mail:service@morningstar.com.tw
	http://www.morningstar.com.tw
	行政院新聞局局版台業字第 2500 號
法律顧問	陳思成律師
初版	西元 2016 年 2 月 29 日
郵政劃撥	22326758（晨星出版有限公司）
讀者服務專線	（04）23595819 # 230
印刷	啓呈印刷股份有限公司 ‧（04）23150280

定價 290 元
ISBN 978-986-443-100-7

Published by Morning Star Publishing Inc.
Printed in Taiwan

◆ 讀 者 回 函 卡 ◆

以下資料或許太過繁瑣，但卻是我們了解您的唯一途徑
誠摯期待能與您在下一本書中相逢，讓我們一起從閱讀中尋找樂趣吧！

姓名：＿＿＿＿＿＿＿＿　　性別：□ 男　□ 女　　生日：　　／　　／

教育程度：＿＿＿＿＿＿＿＿

職業：□ 學生　　　　□ 教師　　　　□ 內勤職員　　□ 家庭主婦
　　　□ SOHO 族　　□ 企業主管　　□ 服務業　　　□ 製造業
　　　□ 醫藥護理　　□ 軍警　　　　□ 資訊業　　　□ 銷售業務
　　　□ 其他＿＿＿＿＿＿＿＿＿＿＿

E-mail：＿＿＿＿＿＿＿＿＿＿＿　　　　聯絡電話：＿＿＿＿＿＿＿＿

聯絡地址：□□□＿＿＿＿＿＿＿＿＿＿＿＿＿＿＿＿＿＿＿＿＿

購買書名：當心！網路害死你的貓！＿＿＿＿＿＿＿＿＿＿＿＿＿＿＿

‧本書中最吸引您的是哪一篇文章或哪一段話呢？＿＿＿＿＿＿＿＿＿

‧誘使您購買此書的原因？

□ 於 ＿＿＿＿＿ 書店尋找新知時　□ 看 ＿＿＿＿＿ 報時瞄到　□ 受海報或文案吸引
□ 翻閱 ＿＿＿＿ 雜誌時　□ 親朋好友拍胸脯保證　□ ＿＿＿＿＿ 電台 DJ 熱情推薦
□ 其他編輯萬萬想不到的過程：＿＿＿＿＿＿＿＿＿＿＿＿＿＿＿＿＿

‧對於本書的評分？（請填代號：1. 很滿意 2. OK 啦！3. 尚可 4. 需改進）

封面設計 ＿＿＿＿＿　版面編排 ＿＿＿＿＿　內容 ＿＿＿＿＿　文／譯筆 ＿＿＿＿

‧美好的事物、聲音或影像都很吸引人，但究竟是怎樣的書最能吸引您呢？

□ 價格殺紅眼的書　□ 內容符合需求　□ 贈品大碗又滿意　□ 我誓死效忠此作者
□ 晨星出版，必屬佳作！　□ 千里相逢，即是有緣　□ 其他原因，請務必告訴我們！
＿＿＿＿＿＿＿＿＿＿＿＿＿＿＿＿＿＿＿＿＿＿＿＿＿＿＿＿＿＿＿

‧您與眾不同的閱讀品味，也請務必與我們分享：

□ 哲學　　　□ 心理學　　□ 宗教　　　□ 自然生態　□ 流行趨勢　□ 醫療保健
□ 財經企管　□ 史地　　　□ 傳記　　　□ 文學　　　□ 散文　　　□ 原住民
□ 小說　　　□ 親子叢書　□ 休閒旅遊　□ 其他 ＿＿＿＿＿＿＿＿＿＿＿＿

以上問題想必耗去您不少心力，為免這份心血白費
請務必將此回函郵寄回本社，或傳真至（04）2355-0581，感謝！
若行有餘力，也請不吝賜教，好讓我們可以出版更多更好的書！

‧其他意見：

晨星出版有限公司 編輯群，感謝您！

廣告回函
台灣中區郵政管理局
登記證第 267 號
免貼郵票

407
台中市工業區 30 路 1 號

晨星出版有限公司
寵物館

請沿虛線摺下裝訂，謝謝！

更方便的購書方式：

(1) 網站：http://www.morningstar.com.tw
(2) 郵政劃撥　帳號：22326758
　　　　　戶名：晨星出版有限公司
　　請於通信欄中註明欲購買之書名及數量
(3) 電話訂購：如為大量團購可直接撥客服專線洽詢

◎ 如需詳細書目可上網查詢或來電索取。
◎ 客服專線：04-23595819#230　傳真：04-23597123
◎ 客戶信箱：service@morningstar.com.tw